給
大女孩
的第一本
化妝書

堯琳——著

Yue Xiaolin

致 你我都曾經有過的 17 歲

我的 17 歲，是在一個高大英俊的男生吸引之下惶恐度過的。

太強烈的「自知之明」和太少的勇氣，總是會讓我理智地放棄每一個與他接觸的機會。

是的，這是暗戀。

曾記得在當時的日記裡，我寫下自己諸多缺點，這些缺點都成了自己不敢主動接觸他的原因。那個「醜」名單，是我對著鏡子，看一眼寫一句，認認真真總結的：臉上有幾個小雀斑；腰有點粗；眼睛一笑就沒了……最後還加了一句很「理智」的總結：我怎麼這麼難看呢？

現在我媽還保存著我當年記錄著自己缺點的日記本，每次看到它，我都會忍俊不禁。

那就是每個女孩最初決心打扮的動機吧，如此單純、青澀。

我挑剔自己的種種不美，卻獨獨忘了歲月賦予青春的一臉膠原蛋白——青春多美好，而我卻沒有看到。

每個少女心中都有一本記錄美麗歷程的「日記」，直到我們都長大了，那些日記也變成了塵封的記憶。而我們接下來開始踏上尋找自我的旅程。在這條路上，我們會遭遇許許多多的誘惑，還有失敗。我們被所謂的時髦事物迷惑，被某種潮流慫恿，被其他的時尚偶像「教唆」，直到發現離真正的自己越來越遠，離屬於自己的美越來越遠。

有些事實是無法改變的，我們無法改變自己所出身的家庭，還有父母給予的容貌、性格、聲音等等。

其實，我們總是期望著成為別人，這樣就更加看不到自己的美。每個人在這世界上都是獨一無二的，你所有的優點和缺點造就了你如此與眾不同。最遠的旅行其實是從自己的身體到自己的內心，這個過程需要我們用幾個十年的光陰來學習，學會與自己相處，學會珍惜生活的種種饋贈。

我認為，學會欣賞自己，應該是學習打扮的第一課。有多少個形容詞可以用來形容自己呢？你想過這個問題嗎？

我有一個女性朋友，總是問我：「我給你這樣的感覺嗎？」或問：「我給你什麼樣的感覺呢？」她很想知道別人如何看

自己，而沒有試圖去描述自己。

想變得更美，要先學會描述自己。這點很重要。例如，形容一個人的外形，可以是高大的、嬌小的、健壯的、瘦弱的、圓潤的、骨感的；描述一個人的性情可以是活潑開朗的、溫和的、謙虛的、強勢的、嚴肅的、浪漫的、多愁善感的；描述一個人的職業可以是嚴謹的、有趣的、充滿創意的、單調的、多變的；描述一個人的聲音可以是磁性的、稚嫩的、低沉的、輕柔的、嘹亮的、喘急的、慢吞吞的。

你還可以形容自己的笑容，形容自己的頭髮、待人接物的方式……如果你看到這裡，已經開始動筆在紙上寫下可以描述自己的形容詞，你會發現，原來自己有很多面向，有很多形容詞是互相衝突和矛盾的；有很多形容詞是那麼的美妙，或還有一些是令你沮喪的。

無論如何，做這一步的目的就是審視自己。你並不會因此就立刻瞭解自己，但可以因此而發現一些有趣的事，例如，你有些優點竟然是自己平時沒有看到的，有些審美趨向是你平時沒有發現的。

可能你形容自己微胖的身材時，用了「豐滿」這個詞而不是「臃腫」，就會忽然發現，原來微胖不是件壞事，至少代表了對自己身材的認可，表現了你的自信；或許你形容自己的聲

音是「孩子氣的」，就會讓別人理解自己為什麼總是會喜歡那些花花綠綠的玩偶，即使你已經 35 歲了；你如果形容自己喜歡的衣料質感用了「淳樸自然」，那麼就表示一定不會喜歡帶亮片的服飾和刺眼的顏色搭配；你形容自己的職業是「刻板無趣的」，那麼你可能常常素顏就上班去了，因為你沒有化妝打扮的動力。

還有很多很多……

打扮的重要一步，其實是接受自己。再完美的妝容，再時尚的衣著，都不及你由內而外的自信，更能讓你容光煥發。

學會觀照自己的內心，傾聽內心的聲音，遵從內心的召喚，你才可能做自己，而且不留遺憾。這是一個最壞的時代，也是一個最好的時代。用智慧的選擇和規劃，揮灑青春，而不是荒廢度日。

從為暗戀的男孩寫下那份「醜」名單，到醒悟並發現自己的獨特之美，走過這段歷程，我用了很長的時間。

後來，我追求美麗，但不再以周圍人的審美觀念為標準，不再為了讓男孩子多看一眼而打扮。在這種心態下，我才真正找到美的真諦。特別是在年齡大了，人更加成熟了之後，在事業上找到了自信的自己，就更不會因為外在的一些美的標準去挑剔自己了。

我笑起來時，眼睛會瞇上去，我覺得很可愛啊；現在自己的眼睛周圍有細紋了，也挺好的，隨著時光的流逝，我會刻意保留一兩條皺紋，讓它們變成我的一種獨特標誌⋯⋯

其實，無論什麼樣的自己，都要先接受自己。美沒有分類，沒有排序，因為，人是最複雜、最多面的，沒有一種美的概念和標準可以涵蓋所有人。

我知道很多書會把女性分很多類，然後告訴你：你是什麼類型，應該怎樣，不能怎樣。我想說的是，無論你是一個什麼樣的人，都有愛美的權利。而你自己美不美，不在於別人如何看你，而在於你如何看待自己。

在你想改變時，就立刻開始吧，時光不會等你，當然，你更不可以放棄自己。

只要你願意改變，往前走一步，一切可能都會變得不一樣。誰都不知道明天會怎樣，但是今天一定要有夢有愛。

現在，你要對自己說：

「我是誰？我是欣賞自己、愛自己的女孩（女人），我要做的就是：終生美麗。」

Contents／目錄

對於護膚，

很多朋友因為認知不夠，

走了不少的冤枉路，陷入護膚「雷區」。

在護膚的漫長過程中，

必須擊敗幾個時時出現的敵人，

才能真正把皮膚養得水嫩動人。

Chapter 01

擊敗皮膚的
另類敵人

若讓我回到 17 歲，我會狠狠丟掉那張寫給自己的「醜」名單，虔誠地對青春說：回來吧，那水嫩動人的好皮膚。

　　是的，女人美麗的第一步，是「護膚」。

　　我曾經也有很長一段時間，不在乎自己的皮膚狀態。那個時候年輕，總覺得花費太多時間去護理皮膚，完全沒有必要的。

　　過了 30 歲，臉上出現皺紋時，才猛然驚醒：是時候要好好護膚了。與此同時，我經常被別人問到關於皮膚保養的問題。每次我幫別人解決問題後，回家看到鏡子裡的自己，就覺得很慚愧，於是開始又重視起護膚來。

　　每當有人說我看上去完全不像我的實際年齡時，我都很慶幸自己覺悟得還不算太晚。因此，我也想對愛美的朋友們說，在追尋美的艱辛歷程中，只要你付出就一定有回報。

　　　　　　　　　　　　擊敗皮膚的另類敵人

不跟風，做自己

很多愛美的女性一直在為種類繁多的護膚品而擔負「甜蜜的煩惱」——家裡櫃子裡擺放的化妝品十分壯觀，很多產品可能剛剛用了幾次就不用了，甚至還有從來沒用過的產品。

之所以這樣，是因為大多數人都不知道自己究竟該買什麼產品，常常是翻翻網頁的推薦，看看周圍的人用什麼，就倉促地下決定。

你是不是別人說好用，但不確定是否適合自己，就先把自己當成小白老鼠，所有的產品都試試看？

當然，多年前，我也和大多數女孩一樣，在不瞭解自己皮膚的情況下盲目地買回很多護膚品，結果不僅造成不必要的浪費，還對皮膚造成了傷害。

有一位朋友看到我使用的護膚品，感到非常驚訝，不能相信一個這麼知名的化妝師怎麼只有這麼少的護膚品。

其實，有句話叫作「大道至簡」。這句話的適用範圍非常廣，若把它用到美妝方面，就可以解釋成：

越是專業，越是懂得如何在簡單的過程中，做到事半功倍。

　　要選合適的護膚品，首先讓我們看看自己的皮膚屬於什麼狀態的吧。

　　來，一起做做下面的膚質小測驗！

（ 膚質小測驗 ）

1 洗完臉後 20 分鐘，假如臉上沒有塗抹任何產品，你會覺得：（　　）

    A. 非常粗糙，出現皮屑。

    B. 仍有緊繃感。

    C. 能夠恢復正常的潤澤度。

    D. 臉像鏡面，簡直像反光。

2 中午時，你的臉常常會感到：（　　）

    A. 緊繃，輕度乾燥或脫皮。

    B. 既不乾，也不油，沒有什麼太大感覺。

    C. T字部位有點油膩。

    D. 不洗臉就活不下去了。

3 上妝後 2-3 個小時，你的妝容看起來：（　　）

    A. 出現細紋和皮屑。

    B. 妝容仍然完好。

    C. 部分脫妝。

    D. 差不多已經完全脫妝了，需要馬上補妝。

4 站在鏡子前，你的毛孔：（　　）

  A. 臉很光滑，根本沒有毛孔啊。

  B. 挺小的，不注意根本看不見。

  C. 鼻頭上有一些黑點。

  D. 很明顯，照鏡子時就崩潰。

5 青春痘：（　　）

  A. 很少生或根本沒有生過。

  B. 只有在生理期或身體不適時才會生。

  C. 額頭上會生，別的地方很少生。

  D. 滿臉都會生啊，還留了很多痘疤做紀念呢。

　　　　　　　　　擊敗皮膚的另類敵人

10—15分

中性皮膚

恭喜你，你屬於人人都會羨慕的中性皮膚，不油不乾，水水潤潤。不過，可不要仰仗自己天生皮膚好就不注意保養，「胡作非為」。否則天生的「好資本」很快就會被你用完，到時候可是後悔都來不及。

- 中性皮膚的人護膚產品選擇餘地比較大，差不多任何質地的產品都可以試一試，最好是以自己塗上覺得舒服為主。可以在不同季節選擇適合的產品。例如，冬季可以選擇滋養型和補水型，而夏季可以選擇清爽型和美白型。

- 適度去角質，但也要慎用磨砂類產品，以防肌膚變敏感。

- 不要過度使用保養品，以免堵塞毛孔。

15—20分

油性或偏油性皮膚

洗完臉不到半天，整個臉就又泛起油光。塗護膚品怕油膩不舒服，塗彩妝品怕脫妝，反而更加尷尬。但其實，充足的油脂可以讓肌膚不容易老化，這是油性皮膚者天生的優勢。只要適度控油和補水，油性皮膚的人也不一定會覺得難受。

- 用自己感覺清爽透氣的乳液或凝膠狀護膚品，但一定不要因為感覺不舒服而不用護膚品。
- 也可適度使用帶有酒精的化妝水，尤其是在悶熱的夏天。
- 臉部多油有可能正是皮膚缺水的表現，所以油性皮膚的人也要多多注意保濕。
- 不要過度控油並依賴吸油面紙，這樣反而會刺激你的皮脂腺更快分泌油脂。
- 每週要進行一次毛孔大掃除，做深層清潔，千萬不能偷懶。

10分以下

乾性皮膚

你必須注意，你的皮膚非常地缺水，常伴有皮膚敏感症狀，這也是造成很多人皮膚加速衰老的最大原因。

- 平時經常使用補水面膜，可以在乾燥季節每隔一天就做一次。可以選擇免洗型面膜，因為不容易因面膜造成皮膚敏感。
- 化妝水不可以使用含酒精成分的類型。一定要選用天然成分添加型。如一些花瓣水，或含水果萃取精華。
- 面霜要以滋養型為主，綿羊油成分以及含深海魚油等成分的類型都可以。或是含有玻尿酸，具有補水效果。
- 缺水的乾性皮膚容易產生角質。去除角質一定要用溫和型產品，千萬不要用磨砂型強效產品。也不能頻繁去除角質，一般一個月做一次即可。這樣可以防止皮膚敏感的發生以及皺紋的生成。

擊敗皮膚的另類敵人

護膚第一步是，必須知道自己是什麼膚質。這很重要，可以讓你不再盲目購買不適合自己的護膚品，也可以讓你的皮膚免受意外傷害。

在這本書裡，我會特別推薦自己使用的一些私家品牌護膚品和化妝品，並分享一些私人的護膚和化妝經驗。

我的皮膚屬於典型「敏感肌」，我常常和身邊的朋友開玩笑說，對於化妝品的好壞評估，我是最有價值的小白老鼠，如果我用了以後效果好，那它們就是真的好了。

如今化妝品市場發展非常快速，無論是國產還是進口化妝品，只要是正規品牌，性能和品質基本上都是不錯的。

不要盲目相信那些效果過於神奇的產品，那些產品能產生某種神奇效果，往往是因為含有激素或某種有害物質含量超標，所以理性選擇被市場檢驗過的品牌，對我們來說更好、更安全。

缺陷，就是你的選擇

　　皮膚的狀態好不好，對妝容效果的影響非常大，我給模特兒或藝人化妝時，非常注意皮膚的狀態：彈性好不好？膚色是否暗沉？有沒有死皮和角質？有沒有痘痘？毛孔是否有些粗大？是否有細紋？先審視這些，然後根據他們皮膚的具體狀況來做妝前的改善。

　　藝人經常忙於各種通告，當飛來飛去的空中飛人，有些人的皮膚本身就有一些先天性的問題，加之因為忙碌常常疏於做皮膚護理，所以會出現各式各樣皮膚問題。

　　所幸這個時候，我們還是有很多辦法補救。

　　　　　　　　　　　　擊敗皮膚的另類敵人

皮膚彈性不好

皮膚彈性不好，通常是由於皮膚缺水也缺油，對於這樣的皮膚，不做好基礎護理，就直接上粉底的話，粉底不會特別服貼皮膚，底妝會顯得很「浮」。

對於這樣的情況，我最常用的解決方法就是用快速補水的免洗面膜敷 5 分鐘後，用手指按摩皮膚，至水分全部吸收。在這之前，清潔皮膚之後要盡可能多用一些化妝水輕拍皮膚。補水推薦 CPB 肌膚之鑰新生緊緻水精華。

必要時，在面膜完全吸收之後，再塗一層滋養型面霜或精油，以保證皮膚有一定的油脂，以「油」鎖住皮膚水分。

膚色特別暗沉

在膚色暗的情況下，我們需要一個看起來皮膚很白皙透亮的妝容，我會選擇用可以調亮膚色的隔離霜來做修顏。CPB 肌膚之鑰無齡光采身體防曬乳 SPF50+ 可以當成妝前乳，可均勻膚色。

注意：大多數情況下，有調亮膚色功能的隔離霜都會偏乾，所以還得注意不能塗太多，只在需要提亮膚色的部位重點塗勻就好。

皮膚有角質和死皮

通常這種情況最難纏。即使用補水面膜敷過了，改善效果也有限。你應該做的是去除死皮和角質，透過選擇質地溫和的產品，在死皮較多的部位按摩去除。CNP Rx 系列去角質的效果更溫和。

切記：切勿使用磨砂產品，因為接下來彩妝可能會刺激皮膚，引起皮膚敏感。

　　　　　　　　　　　擊敗皮膚的另類敵人

皮膚毛孔粗大

對於毛孔明顯粗大的皮膚，可以選擇修復毛孔的產品，先撫平毛孔，再化妝。現在這樣的產品很多，而且大多都含有天然成分，可以瞬間撫平毛孔，卸妝時又很容易卸掉。這樣做可以避免毛孔出油，妝容也就會更持久。我比較推薦GIVENCHY紀梵希魅力幻彩妝前飾底乳控油黑，控油效果也不錯。

注意：使用時不能整張臉都塗，只能塗在毛孔比較明顯的部位，用手指打圈的方式，薄薄塗抹一層。

皮膚有細紋

如果皮膚有細紋，表示皮膚極度缺水。所以，除了前面說的要採取基礎補救措施，還得注意粉底的選擇。

一定要選擇保濕型粉底液，定妝粉也不能太厚，這樣就能避免細紋出現。Armani 亞曼尼 GA 紅絲絨氣墊粉餅，保濕效果也不錯。

TIPS

❶ 一定要有充足的睡眠。「睡美人」的說法就源於此，每天最好保證 6 個小時的睡眠。

❷ 注意飲食均衡，補充身體需要的維生素。

❸ 注意皮膚的補水和防曬。補水護膚品和防曬用品是四季常備。

❹ 切忌使用依賴性較強的產品。顯效極快，以及那些一旦不用，皮膚就不好了的護理品，一定是有問題的。

　　　　　　　　　　　擊敗皮膚的另類敵人

懶惰，是護膚的天敵

　　有沒有一種既省時又省力的護膚方法呢？

　　太多人會這樣想了。我相信每個忙碌的職業婦女都抱怨過自己沒有時間去美容院護理皮膚，也經常在忙碌一天後，完全沒有心情再為自己的臉多花工夫。

　　但是，大家都知道一句話：「沒有醜女人，只有懶女人。」

CC 霜

變美的 5 個基本開始

① 我們可以根據自己的皮膚類型，制訂一個一週護膚計畫，在不同季節再做適當調整。把這個小小的護膚計畫貼在化妝鏡前，每日照做。長時間堅持下來，你會發現你的付出是值得的，成效很不錯。

② 看電視的時候敷一敷面膜，坐電腦前時敷一敷面膜。

③ 星期一也許是補水面膜，而星期三你可以做美白面膜。

④ 早晨出門前用電子煲湯鍋煲一鍋美容湯，下班回來就可以享用。

⑤ 為自己準備一個擺放化妝品和護膚品的美麗的化妝鏡台，裡面那些美麗的瓶瓶罐罐也會誘惑你總想觸摸它們，想在化妝台前多停留一下。

　　　　　　　　　　　擊敗皮膚的另類敵人

珍愛自己的皮膚就像珍愛我們的事業一樣，只要願意付出，總是可以看到美好的結果。

　　忙碌的職業婦女，很可能成為護膚課程的懶學生，我曾經就是。

　　我們有太多理由解釋為什麼沒有好好關照自己的皮膚。它們又可以歸結為一個字：忙。

　　但我提醒大家，即便再忙，每天至少要完成如下這幾步護膚流程，這是最基本的日常護膚步驟，是不能少的哦：

化妝水 → 精華 → 眼霜 → 面霜

（日用夜用要分開）

　　每週最少敷一次面膜，眼膜可以一週敷兩次。精華液一定要按摩至滲入皮膚才行，眼霜也同樣需要配合按摩手法。

[岳曉琳七日護膚祕笈]

週一　匆匆趕時間的週一，是每個上班族最糾結的日子。對於這樣的早上，擁有一份好心情實在太重要了。週末是不是很勞累？你可能會和家人一起出遊，或和朋友們一起聚會或逛街，這都可能使皮膚得不到最好的休息。那麼週一，你就早起 10 分鐘，敷一片醒膚面膜吧。「叫醒皮膚」以帶有水果清香或淡植物清香的面膜最佳，這樣會一下子讓你感到神清氣爽，然後再進行接下來的護膚和化妝。

週二　週二的工作往往排得最滿。千萬不能面帶疲倦之色。除了正常的護膚流程之外，一份營養豐富的早餐和一杯香濃的咖啡也是一天最好的前奏。不過咖啡不宜多飲。

週三　週三對工作忙碌的你可能感覺身心俱疲。夜晚來個溫馨的泡泡浴，可以使整個身體的血液循環更好。等皮膚的灼熱感略微消退後，再開始護膚步驟。

　　　　　　　　　　　　　擊敗皮膚的另類敵人

週四 「醒膚面膜」可以繼續上場。如果時間緊迫，就使用冷水洗臉，也可以起到叫醒皮膚的效果。做法是使用溫水和冷水交替洗臉，最後用冷水輕拍臉頰2分鐘。OK之後，就可以開始你的化妝步驟了。夜晚則最好在10點前入睡，不要超過11點。當然，我知道做到這一點很難，但是一旦養成了習慣，生理時鐘就會自動調整。

....

週五 可愛的週五終於到了。這一天似乎每個人都會有些小興奮，盤算著晚上去哪裡約會、聚餐，或參加party。那麼懶人們要注意，不論你回家多晚，請一定卸妝。然後敷一片含有精華成分的營養型面膜。你需要為勞累的皮膚補充養分。

....

週六 記得睡到自然醒。窗簾一定要用遮光效果好的，它會讓你忘記時間。皮膚得到最好的休息，就會給你更好的回報。如果出門，千萬別忘記做好防曬。

....

週日 如果今天你必出門應酬或加班，我建議可以試著素顏一天，讓皮膚得以放鬆。如果一定要出門，可以塗一點有顏色的口紅，讓你看起來元氣滿滿。

[岳曉琳私人護膚品]

洗臉
YUEXLIN 彩妝雙效潔淨卸妝水／shu uemura 植村秀卸妝油
CHANEL 香奈兒洗面乳

面膜
SK-II 青春敷面膜

噴霧
CHANEL 香奈兒奢華精質賦活噴霧／美帕維生素 B5 噴霧

化妝水
SK-II 青春精華露（神仙水）

精華乳
SHISEIDO 資生堂時空琉璃 LX 御藏高濃縮再生精華

眼霜
SK-II LXP 晶鑽極緻奢華再生眼霜頸霜
頸霜
SHISEIDO 資生堂悅薇頸霜

　　　　　　　　　　擊敗皮膚的另類敵人

面霜

標婷維生素 E 乳乳液／ SK-II 多元肌源修護精華霜（新多元面霜）

隔離防曬

CPB 肌膚之鑰鑽光隔離妝前乳／ CPB 肌膚之鑰鑰無齡光采防

防曬霜

Esprique 清涼冷感防曬噴霧

粉底霜

Kanebo 佳麗寶 TWANY CENTURY 極致粉底霜

CPB 肌膚之鑰貴婦晶鑽粉霜

定妝粉

Kanebo 佳麗寶天使光感蜜粉餅

眉筆

YUEXLIN 彩妝雙頭造型眉筆

眼影

YUEXLIN 彩妝單色眼影／ SANA 莎娜 EXCEL 大地色四色眼影盤

睫毛膏

YUEXLIN 彩妝雙頭炫黑睫毛膏

眼線液

日本 MOTELINER 熊野職人工匠級眼線液筆

打亮

Dior 迪奧專業後台修容盤

修容

MAC 魅可鼻影粉打底修容大地色 OMEGA
Too cool for school 藝術課堂三色修容粉餅

定妝產品

Kose 高絲定妝噴霧／Canmake 井田眉毛定型液
Ettusais 艾杜紗無瑕美肌控油液

化妝刷

YUEXLIN 彩妝迷你版 14 支套刷

唇膏

YUEXLIN 彩妝經典霧面唇膏 111#、901#
shu uemura 植村秀小黑方無色限唇膏 963#
YSL 聖羅蘭黑管唇釉奢華緞面漆光唇釉

香水

Jo Malone 祖馬龍英倫香氛香水梨鼠尾草香調
Armani 亞曼尼蘇州牡丹香水

　　　　　　　　　　　　　　　擊敗皮膚的另類敵人

成熟女人的底妝

　　有很長一段時間內，我曾拉著行李箱與藝人走過很多城市，出現在各大舞台、綜藝晚會的後台。身為一名時尚化妝造型師，我確實有很多機會給藝人做造型，這也讓我有機會看到明星螢幕背後更為真實的一面。

　　「朗讀者」這個節目不僅讓觀眾看到主持人董卿的穩重大氣的知性之美，更感受到她由內而外的女性魅力。近距離接觸她，讓我更深刻理解了這種美。

　　我第一次為董卿化妝，是雜誌社為她拍攝封面，那次經歷很愉快。董卿很瘦，身材很好，尤其一雙長腿非常令人稱羨。她的臉龐非常精緻小巧，五官秀美，皮膚很好，上妝之後的效果更好。她喜歡自然大方的妝感，對於髮型也要求穩重端莊，同時具有時尚氣息。

　　對於粉底，董卿喜歡乾淨清爽，要有很好的光澤和透亮的感覺，恰好我也非常善於打造清透底妝。對於時尚與美的理解，我們總是能夠不謀而合。她也覺得我們的審美觀念有契合之處，之後一些大型活動，就開始找我為她化妝。

　　她喜歡優雅、簡潔但很精緻的風格，像她的首飾盒、小皮

箱，都非常精美。看到這些小物品，你就知道它們的主人對生活很有要求，也很有品味。

以前觀眾可能會看到，董卿平時幾乎都是同一款髮型。有一次，她主持另一個節目，我想根據她的服飾給她換一種髮型，於是和她交換了一下意見，她也很有興趣試試。我為她設計了一種新髮式，頭髮中分，往後梳得很乾淨，令她飽滿的額頭更明顯，髮尾處理成有點溫婉的風格。她也很喜歡這種新髮型。

但是到第二次錄製節目，我又去幫她化妝做造型時，董卿笑著對我說：「這次我們不換髮型了吧，有觀眾反應，還是習慣我原來的造型。」我說：「能理解，沒關係，我們還是按原來的髮型做吧。」

她曾告訴過我，一年 365 天，她有 180 多場演出，也就是說平均 2 天就有一次演出，可想而知這是多麼龐大的工作量，我想她在背後付出的努力，應是常人難以想像的。即便是在我給她化妝的空閒，除了一些簡單的溝通，她都是拿著劇本，不停地小聲唸著，直至上台。中間有演員表演，她從台上下來，會找一個角落，繼續拿著稿子唸、背。有時還會

　　　　　　　　擊敗皮膚的另類敵人

主動和其他工作人員一起參與細節的規劃調整，例如，燈光會在哪個位置，怎麼站位會更好。

在和董卿合作時，我們都會被她那種對工作的認真與執著感染。工作時，她身上會自帶一種光環，令你認識到認真的女人最美。

因為工作太忙，大部分時候董卿要自己化妝，她說這樣會更快，效率會更高。其實，即便是從專業時尚造型師的角度看，董卿的化妝水準也是非常高。身為業內人士，我非常清楚，沒經過一番苦練，是達不到這樣的水準的。

媒體曾給我取了一個「董卿背後的造型師」的頭銜，這讓我有點不好意思，準確地說，這個說法有些失真，因為那些年我們常看到的董卿的完美妝容，很多時候都是她自己完成的。

董卿是一個對時尚和美有著自己獨特理解的人，對每次演出的服飾也有自己獨到的搭配理念。敬業，活得精緻，對美的認知非常到位，是很多知識女性非常欣賞和喜愛的時尚偶像。

為什麼明星和時尚大咖即使素顏

看起來也那麼神采飛揚，

甚至男明星也總是有好膚質？

這一切都離不開一個完美的底妝。

Chapter

02

「快手妝」：
多麼美的素顏

給我 5 分鐘的時間

———

　　女人化妝究竟要多長時間才夠？這個問題可以衍生出很多意味深長的小笑話。我來講講其中一個吧！

　　一對夫妻約好去看電影，出門前，妻子要化妝，丈夫便在外面等待。當丈夫再次進到房間裡時，妻子不解地看著氣喘吁吁的丈夫說：「可以了，我們走吧。」丈夫卻說：「我已經在你化妝時看完電影回來了！」

　　這聽起來有些誇張。但對很多女人來說，化妝確實是一場大戰。總有人抱怨為什麼自己總是沒有時間化妝，只能素顏飛奔出門，休息日就只想偷懶，不想花時間去化妝。

　　每當有人問我有沒有簡單快速的化妝法，既可以化好妝又節省時間，我總是笑著告訴她們——多給自己 5 分鐘。

　　5 分鐘你可以做很多事情。我的方法：將家裡所有的鐘錶以及手機的時間都調快 5 分鐘。

　　　　　　　　「快手妝」：多麼美的素顏

5 分鐘妝容

1 用最快的速度塗好具有遮瑕效果的 BB 霜。

2 用咖啡色的眼線膏輕輕地掃出眼線,再把睫毛膏塗好。

3 微笑著刷好腮紅;對著鏡子做一個甜甜的噘唇動作,用淡顏色的口紅塗一下嘴唇。

4 將香水噴向空中,走過去,拿起包包走出家門⋯⋯

這個 5 分鐘的妝容,也許不夠精緻完美,但是應付一些日常的需要,已足夠了。當然,如果你對美妝的理解力不斷上升,達到一定境界的話,就可以更為刻意「隨意」一些了。

有一次,我收到邀請參加一個時尚品牌的發表會。這個發表會是在晚上舉行,我的座位被安排在第一排。

到了舉行活動當天，碰巧白天的工作比較繁雜，整個人忙得昏天暗地。我只想著下班後回家好好地在沙發裡癱著。好不容易結束了工作，助理匆匆跑來說：「岳老師，要出發了，不然來不及了。」

我這才意識到，還有個隆重的活動等著我出席。我無力地掃了一眼鏡子，早上出門時化的妝，已經幾乎可以忽略不計了。我還沒有做出什麼反應，車已經到了公司門口。

我記得早晨從家出門時，車上帶了一條裙子（對要經常去各種場合參加活動的女性來說，車裡常備一些禮服之類的衣服，可以有備無患，非常必要）。於是我就把它拿出來，套到身上。臉妝呢？早晨化的那個淡妝已經花得不行了，也沒時間補了，而且時間也不允許我化一個非常精緻的妝容。

TIPS

在我們化時尚妝的理念中，有一個不成文規定：妝面不能有兩個以上的重點部位。所以如果你有一支較為鮮豔的口紅，其他地方淡淡地略過就可以了。如果其他地方都化得很濃，口紅顏色也很濃，整個妝容就顯得很俗了。

「快手妝」：多麼美的素顏

怎麼辦呢？

我順手從包包裡拿一支口紅——這一瞬間，我必須決定拿什麼顏色才能讓我的妝容「起死回生」。這就非常考驗搭配的功力了。

等到了活動現場，去簽到時，當時大背景前有很多人，但是邀請方負責接待的人一眼就看到我了，因為我塗的口紅顏色實在太突出了——紫紅顯黑的櫻桃色。我臉上別的妝都掉得差不多了，但是那支口紅的顏色較為突出。可以說這是一款很熱烈、特別的妝容，完全看不出沒空化妝的任何痕跡。我對活動的重視感，也隨著那一抹櫻桃色，充分表現出來。這讓邀請方大為感動，不停致謝。

這種快手妝，是不是快到迅雷不及掩耳？如果你有意練習，當你的審美觀達到一定境界，一支口紅就能營造一種隆重的氣氛——我覺得那支口紅的顏色真的很「隆重」。

這種口紅補妝化起來很快，我可以直接告訴你，如果情況緊急而又沒多少時間，那其他地方不補都沒問題，補上唇妝就可以了。

美麗私語

平時生活中，即便再匆忙，相信你也不會忙到像我一樣只有 10 幾秒的時間選擇一支口紅。至少要化個簡單的淡妝，才能對得起這個不化妝無法出門的時代。

每當想到自己從事著讓人變美的職業，我都會忍不住幸福地會心微笑。我也會在自己將別人打扮成更美的人，或給自己化了一個美美的妝之後，特別地感慨：生為女人，真好！

更加美好的是，我們享受化妝的過程，享受看著自己一步步變美的感覺。

即使有一天因沒有休息好，一臉倦容時，我第一時間也會想到敷一個補水面膜，搶救倦怠的皮膚，然後化一個美美的妝。最重要的是一定要將眼睛化得更有神采，然後自信地出門工作。

但是，化妝是需要學習的。如果想讓化妝成為習慣，我們要做的是不斷摸索和嘗試。享受這個學習變美的過程，看著自己不同階段擁有不同的美。即使在這些摸索的過程中，我們經常經歷失敗，但最後總是可以找到適合自己的方法。

重要的是，無論什麼時候開始化妝，都不會太晚。晚總比沒有行動好，你現在就要做好開始變得更美的準備。

「快手妝」：多麼美的素顏

[畫重點]

　　最後要敲黑板畫重點了：要練成出門前 5 分鐘化妝的技巧，也沒那麼容易。

需要用許多個 5 分鐘來瞭解自己，瞭解自己的皮膚，瞭解自己的眼形，瞭解自己適合的色彩……

我們還需要許多個 5 分鐘去選購適合自己的化妝品，用許多個 5 分鐘來練習化妝。

把這一切當成必修的生活技能，慢慢練習，過一段時間之後，你就不會感到為難了。

判斷膚色，選擇粉底

化妝是最好的偽裝，它可以讓女人的年齡成為祕密，可以給我們更多自信和更多機會。

如果你真的是每天奔跑穿梭於城市車流之間的「忙女」一族，也真的只有那幾分鐘的時間，遮蓋疲倦的面容、黑眼圈、蒼白的嘴唇……想要在這個不化妝不出門的時代不至於褪流行，我可以很直接地告訴你：你需要一個簡單的完美底妝，把自己偽裝起來。

要畫好這種簡單、完美的快手妝，最重要的「核心武器」是：一個粉底、一支刷子、一支口紅、一支眉筆（如果手法熟練，可以加眼線筆；如果你屬於手殘黨，就不建議在快手妝裡用眼線筆了，你懂的）。當然，還要加上岳老師教你的快手妝小技巧。

BB霜　　　　　　　　　　　定妝粉餅

　　　　　　　「快手妝」：多麼美的素顏

選擇合適的粉底

身為一名專業人士，我對彩妝用品有著無法控制的鑽研「欲望」。我經常會在化妝品櫃檯流連很久，對每一種產品的品質細細地瞭解一番，這也成了我工作內容的一部分，更是我的興趣所在。

在化妝時，尤其在沒有更多時間仔細化一個精緻的妝容時，能掌握一種化若有若無的底妝的技法就顯得特別重要，而想達到這種效果，最重要的就是選對粉底。

總是有很多人問我粉底的顏色和質地到底該怎麼選。還經常會有朋友苦惱地告訴我，新買了別人推薦的粉底，而自己用卻感覺太白，或顯得臉色很灰暗。還有人跟我抱怨，明明自己只塗了很薄的粉底，卻被男朋友嘲笑是濃妝豔抹來約會。

其實，這些都是因為沒有選對適合自己的粉底顏色。

要避免這些，首先讓我們瞭解一下自己的膚色類型，這樣選粉底才不會出錯。

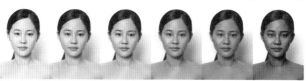

從左到右，膚色從淺到深。

其實，我們的膚色也有冷色調和暖色調之分。

知道自己的皮膚色調，除了可以幫助我們挑選更適合自己的衣服顏色，在化妝環節，還可以根據自己的皮膚色調挑選出更適合自己的彩妝顏色。粉底顏色當然也遵循這個規則。

想給自己化一個美妝，這一步可是非常關鍵的。因為一旦選錯顏色，臉上就會像戴了面具一樣不自然，容易暴露化妝痕跡。

藝人經常出現在各種鏡頭和螢幕前，對他們來說，最好的底妝應該是隱形的。那麼對我們來說，若想讓妝容既美又看起來自然，也絕對要選對粉底顏色。

下面是一個簡單的小測試，透過測試你可以分析出自己膚色是冷色還是暖色。在以後的化妝中，就不會出現「假面具」現象了。

（ 膚色測試 ）

1 在自然光線下看你自己的手腕內側，你的靜脈顏色更接近於什麼顏色？

A 藍色　　B 綠色

2 你買過黃色或橘色的衣服嗎？穿上這樣的衣服，你的氣色看起來怎麼樣？

A. 很可怕，從來沒有穿過黃色或橘色的衣服，會讓我看起來像生病般地蠟黃。

B. 有好幾件這個色系的衣服，很漂亮，讓我氣色變得很好。

3 把一塊金色和一塊銀色的眼影並排塗抹在你的手臂上，哪一種讓你的皮膚看起來更加明亮？（如果你沒有這種顏色的眼影，可以用金色和銀色的衣服來代替）

A. 銀色看起來不錯
B. 金色真的非常棒

4 如果你不塗防曬霜就出門，你的皮膚會怎樣？

A. 很容易發紅，皮膚像要燒起來一樣。

B. 比較容易被曬成黃褐色。

曬後發紅

曬後呈現黃褐色

5 你的眼睛虹膜顏色屬於哪一類？

深棕色

棕色

黑色

琥珀色

A 黑色或深棕色

B 棕色或琥珀色

「快手妝」：多麼美的素顏

==== （ 答案 ）====

選 A 比較多的你屬於

冷色調

　你是個冷美人！你的皮膚屬於冷色調。那麼你選擇粉底的色系可以是粉色系，這是與黃色調對應的一個色調。諮詢彩妝專櫃人員就可以準確找到。

選 B 比較多的你屬於

暖色調

　你是個暖美人！粉底色系可以選擇黃色系，這是專為黃膚色人種所設計的底妝類型。不要因為自己的臉色發黃就害怕用偏黃的粉底。其實，以黃色為基調的粉底反而讓底妝和肌膚沒有色差，妝容效果既自然又漂亮，不會讓人輕易發現你化了妝。

僅僅知道自己膚色的冷暖顯然是不夠的。各個品牌的粉底色系編號都不同，可以在購買時，諮詢銷售人員具體的色號，試用之後仔細判斷，再找到最適合自己的色號。

選粉底

試用粉底時最好在下巴附近的皮膚上試用。

因為這個部位的膚色通常會有些暗，如果打上粉底之後能夠改善膚色，使臉部膚色看起來更加均勻，那麼這個顏色的粉底就可以在整個臉部使用，這樣的粉底會讓你的底妝看起來非常自然。

粉底類型

粉底霜　與粉底液相比，遮蓋力更好些，但比粉底膏還要保濕一點。

粉底膏　遮瑕力是最強大的，可惜皮膚如果較乾，或化裸妝時，就不能選擇，因為底妝會看起來很厚重。

散粉　定妝的效果很好，不過攜帶起來非常不便。

粉餅　外出攜帶很便利，但補妝過多會使皮膚變乾。

　　　　　　　　「快手妝」：多麼美的素顏

你還可以選擇一款比這個粉底色亮一至二個色階的粉底液或遮瑕液做提亮色，用在鼻樑、下巴、額頭等打亮處。

　　不過，如果平常你不想用兩種以上顏色的粉底塑造臉部的立體感，你購買的粉底顏色應該相對你自身膚色亮白一點點，這樣會讓整個人看起來氣色更好。

　　除了粉底液，還有粉底霜、粉底膏、散粉、粉餅等，這些都是用來完成底妝的化妝品。不過，選擇之前要知道各自不同的效果：

　　選擇化妝品類型時候，還是應該首先考慮顏色是否適合自己，這是最關鍵的；其次看是否便利和效果持久。

打粉底

　　選好了粉底，接下來我們看看該怎麼打粉底吧。

　　有很多人說，分不清粉底到底是用刷子來刷，還是用手指塗抹，或用粉撲。

　　這個問題一提出來，我腦海中就浮現出一個畫面。有一次我的助手幫我家粉刷一面牆，用了很短時間就刷好了。我看到時，感到十分驚訝，因為粉刷的效果很好，非常均勻。當時大家還笑著說如果他也學習化妝，粉底應該也會打得很不錯。

氣墊霜　如果時間不多，那麼選擇一個色彩自然的氣墊 BB 霜或氣墊 CC 霜也非常好。因為氣墊霜不僅粉撲柔軟，粉質也很細膩滋潤。

氣墊色號　市面上往往僅有 21 # 和 23 # 兩個顏色，可能無法適合所有膚色；那麼你可以選擇一個適合自己的定妝粉，來二次修飾一下膚色。除此之外，略深一點的定妝粉還可以替代陰影粉，可以使臉部輪廓看起來更立體。

其實，打粉底的過程還真的跟粉刷牆壁一樣，最終目的都是顏色均勻一致，要使整張臉部膚色看起來和身體的膚色完全一致，並發揮遮蓋瑕疵的作用。

特別是在化快速妝面時，工具一定要精簡到最少——例如，只用一個粉底刷。

粉底刷可以讓粉底的上妝效果更好——它刷出來的效果比手拍按得要均勻，因為手指間的縫隙會使得上妝不勻，容易造成有的地方厚，有的地方薄。

快手妝小竅門

━━━━━━━

一支口紅救全場

上午上班忙忙碌碌，下午需要去見個重要的人物，怎麼用一支眉筆，一支口紅，打造成能讓自己見人的模樣？

你的包包裡面肯定要有一支特別鮮豔的口紅，顏色重一點，最好是霧面，因為霧面亞光口紅效果顯得比較高級，特別適合參加一些隆重場合。

所謂快手妝，重點就在底妝和塗口紅上。而底妝和塗口紅在化妝上，應該算是對技術要求相對低的──例如，口紅沒塗好也沒事，有時候塗不好，別人還以為是一種新時尚塗法，因為時尚界一直會有比較前衛的妝面，例如，故意做得妝面不完整，口紅只塗一點。

畫眉毛改五官，一勞永逸

有人會問：我時間不夠，但眉毛不能不畫啊！怎麼用最快的速度畫好眉毛呢？我覺得關注「快手妝」的朋友，平時肯定是非常忙的。所以對於眉形，我建議先找一個好的

眉形設計師為你設計一個，再幫你修好；然後按照修好的眉形，每兩週修一次，臨時需要時就很容易完妝。

眉毛對五官的改變也是很直接的，眉毛畫長一點就會顯得臉短一點；眉毛短一點臉就會顯得長一點。

眉毛之於臉型的重要性

長臉或是中庭比較長的，眉毛要長一點才好看，而且要平直，這樣會縮短臉型。

短臉就需要眉頭稍微壓低一點，眉頭往下畫一點，會有眉峰揚起來的感覺，就能顯得臉拉長了一些。

我一直鼓勵儘量保留原生眉，如果原生眉保留得好，整個人的狀態是真實的、自然的，這是美妝追求的最高境界。除非是眉毛又細又少，或是眉形不符合臉形，需要修整，再考慮紋眉。

其他方面，如眼影、眼線的細節補充，如果實在沒時間，我建議寧可不化也不要輕易帶著某處失敗的妝容出現在重要場合裡，或站在重要的人面前。除非你經過長期的訓練，手法純熟，可以保證又快又好地化出來。

「快手妝」：多麼美的素顏

[岳曉琳的化妝包]

關於選擇適合的產品，前面我簡單介紹過：

首先是基礎打底的部分，我喜歡在一張水分較為充足的臉上化妝。我喜歡能為皮膚快速補水的產品。這種產品我堅持使用了好幾年，很多聽過我講課的化妝師或化妝愛好者也都非常愛用。

其次就是找一款能夠讓膚色看起來更為均勻的粉底。一款自然的裸妝還應該能夠帶妝持久，這就需要有很好的定妝產品。

這裡再為大家推薦幾款我自己喜愛的產品。

· ·

補水面膜

NARS 瞬效補水水面膜質地很溫和，不會很黏膩、厚重，雖然是一款面膜，但作為化妝前的快速補水產品也很好用。尤其晚上卸妝後，依然能感受到臉部滑滑的。

調整膚色亮度

我喜歡用 CHANEL 香奈兒的淨白防護妝前乳，有淡香的味道，因為質地非常輕薄，可以均衡膚色，瞬間提亮膚色，並且不會留下乾澀和厚重的感覺。

粉底

我最愛用的是 MAKE UP FOR EVER 的粉底，還有 Armani 亞曼尼的精油粉底。前者非常薄透，並且有緊緻皮膚的效果；後者適合舒緩細紋，而且質地也非常薄透。顏色可以按我前面教給大家的方法進行選擇，日常裸妝可以選擇比自己膚色稍微白一點的顏色。

定妝粉

我最愛用的是 CHANEL 香奈兒輕盈完美蜜粉，以及 Armani 亞曼尼輕質羽絨蜜粉。前者適合更加清透的妝容，而後者是需要呈現絲絨質感時的最佳選擇。

　　　　　　　「快手妝」：多麼美的素顏

遮瑕膏

遮瑕是非常重要的，我最愛的是
ipsa 茵芙莎的遮瑕膏，對遮蓋斑點
效果可以説是立竿見影。而眼部黑
眼圈和眼袋的遮瑕，我最愛的是碧
雅詩 KP kesalan Patharan 雙色眼部黑眼圈遮瑕膏。

這兩款是我曾經常用的品牌，現在我用的是自己品牌的氣
墊粉撲。

腮紅

我現在很喜歡用一些絲滑質地的唇
膏替代腮紅，前提是品質要很好，不
然臉頰皮膚會過敏。當然，直接使用
膏狀腮紅也不錯。例如，3CE 的膏狀
腮紅，只需一點點就可以非常貼合皮膚。

眉筆

最愛的無疑是我自己研發的這款，
同時也推薦 YUEXLIN 防水眉膏。很多
人眉毛太稀少時，會擔心眉妝脱落，
那麼防水眉膏就非常重要了。

唇妝

唇部的產品非常多，多到選擇時真的很困難，那麼我的建議是顏色和質地最關鍵。我常用的是 Armani 亞曼尼的 202 # 唇釉和 YUEXLIN 的 111 # 裸色。這兩個質地不同，前者非常滋潤，後者則是絲絨質感。

裸妝眼影

我最愛的是 moonshot 茉姍的 m03 # 亞光色，當然其他品牌的也可以，但是畫裸妝最好使用亞光色，或細微珠光色的。

睫毛膏

我還是覺得 YUEXLIN 雙頭睫毛膏真的很好用，可謂物美價廉。

以上產品都是我偏愛的，其實質地相仿的品項也 OK。買化妝品這件事，很多人都會覺得專業化妝師

「快手妝」：多麼美的素顏

一定更有經驗，但是我也是用了很多產品後才找到自己用起來順手的品項，選擇的關鍵是顏色和質地。

自然美的裸妝也是近年來明星們的最愛，越來越多的人喜歡更為真實的妝容，因此遵循「自然」和「輕盈」這兩個關鍵字就對了。

當你開始做自己，你就變得美麗。

When you begin to do yourself, you become beautiful.

美麗私語

確實，就化妝而言，風格、種類非常龐雜，有太多時尚流行的妝容，還有眾多風格劃分，但這裡不一一陳述。像我前面說的那樣，其實現在網路資訊很豐富，網上有非常多的美妝達人錄製好的教學影片，包括我自己也曾直播過如何化妝，這些都可以直接解決很多人的問題。

我依然是那句話：首先我們應該有一個化妝的動機，這是一個非常重要的前提，然後才有不斷的嘗試和創新。

找到屬於自己的那一個風格，或標誌性妝容，需要很多時間和經驗的累積。

　　年輕演員張皓然與我，可以說是有著姐弟一般的感情。我們經歷了很值得懷念的一段時光。每每提及那次巴黎之行，他都說感謝我陪他完成這次國際舞台的首秀。

　　我們一起去過巴黎時裝週。那些天他參與的每一場大秀，我都力求髮型設計和服飾搭配符合秀場品牌的風格。

　　男演員的化妝雖然更簡單一些，但對眉的形狀和粉底顏色的要求很高，這些會非常微妙地改變一個人的氣質，對我也是很有趣的挑戰。還有就是髮型微妙變化，看似很簡單的輪廓都可能對整體風格有很大影響。

　　很開心我每次給他做的造型接受度都很高，對化妝造型師來說，給誰化妝不是最重要的，最重要的是當你遇到了默契的客戶，那種成就感讓人很滿足。

　　職業化妝造型師的工作趣味就在這裡。不同性別的選擇、濃淡間的選擇、快慢間的選擇，都隱匿著時尚的祕密，也考驗著一個化妝師的功底。

　　許多人知道，我做過一些時尚秀場造型，過去十幾年都在從事化妝造型培訓事業，全世界有非常多的學生，我透過我

　　　　　　　　　　「快手妝」：多麼美的素顏

的工作去發現、探索、展現美，贏得了眾多支持和關注。

　　那些年我拎著化妝包行走在各個秀場和大型演出現場，給不同的明星做化妝造型，很多記憶中的故事畫面，色彩斑斕，也充實了我的職業生涯。

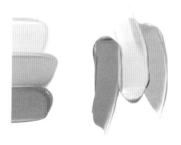

其實，無論對方是誰，於我來講，化妝的體驗都是一樣的——看著她或他以最美的面容和著裝出現在眾人面前，就是一個化妝師最大的幸福。

我們這輩子最好的作品，

就是做好自己。

越是簡單的妝容

越能傳遞不動聲色的美感。

所以，化裸妝難度更高。

Chapter

03

心機誘惑：
裸妝

裸妝靈魂：自然、輕盈

其實我接觸的藝人大多工作繁忙，多數時間都是帶濃妝。偶爾不拍戲或沒有演出時，他們更喜歡以自然裸妝示人，既簡單清爽又可以不失好膚色、好氣色。

一般我會建議習慣素顏的女性朋友，無論有何種理由，至少要學習一下最自然的妝容——裸妝。因為只需要一點點的時間，就可以與素顏有很大的差別，這對工作忙碌的女性來說非常適合。

我身邊有很多朋友忙於事業，每天都忙忙碌碌。不要說化妝了，就連自己的頭髮也常常是幾個月都不修剪，也沒有好好地養護或護色。

即使某一個時期忽然要加入美妝大軍，買了一堆保養品、護膚品，外加一堆彩妝品，但好景不長，只要一忙起來，那些寶貝又被扔到角落，她們每天素顏就去工作了。

「時間不夠。」「雖然長相普通，但能力強就夠了。」「沒心思化。」「不會。」……

回想一下，哪一個是你曾經說過的藉口？

但是，每當出席特別的場合，需要化妝時，不少人會抓狂。現在如何讓更多人開始意識到形象美的重要，並一步步開始變得更美，是我們一直努力的方向。我們應做的就是，分享和傳播更多的美麗知識。

如何像明星一樣，化一個又自然又漂亮的裸妝，又忙又美呢？

讓我們在前面剛剛提到的完美底妝的基礎上，進行接下來的裸妝步驟：

1

畫腮紅

微笑著將粉色腮紅掃在蘋果肌上。

先畫腮紅，因為這是讓你氣色變好最快的一步。對於腮紅，我們可以選擇大多數人都適合的鮭魚粉，這是一個非常自然的顏色，不會很誇張。

2

畫眼線

用咖啡色眼線筆描畫眼線，再用棉花棒將眼線暈開。我們一般根據眼形來畫眼線。

　　如果想讓眼睛看起來又圓又可愛，那麼在眼瞼中部的睫毛根處可以畫得略寬一點。如果想讓眼睛看起來更嫵媚一點，就可以適當地拉長一點眼線。

3

畫眼影

選擇自然淺咖啡色的眼影。

　　可以略有一點珠光，淡淡掃在眼瞼上。

4

夾翹睫毛

選擇適合自己眼球弧度的睫毛夾。

這一步還是很關鍵的，捲翹的睫毛可以讓眼睛看起來更明亮。先從睫毛根部夾起，再抬高手腕，換一下角度，就可以把睫毛夾彎。

5

睫毛膏

選擇清爽型睫毛膏。

如果選擇濃密型睫毛膏，可能會使妝容看起來有突兀感，只有比較濃的眼妝才適合選擇濃密型睫毛膏。黏假睫毛。

6

假睫毛

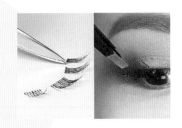

黏假睫毛。

可以將自然型假睫毛剪成幾段來黏貼，這樣黏貼出來的假睫毛會非常真實而自然。

7

畫眉形

用眉膏或眉粉掃出自然眉形，或用眉筆補好眉形。

8

唇膏

選用一款裸色唇膏，然後再用潤唇膏
滋潤唇部。

OK，一個漂亮的
裸妝就完成了。

裸妝不是不化妝，
也不是單純意義上的
淡妝。裸妝是可以擁
有好的氣色和精神面
貌的基礎。

美妝利器化妝刷

如果說化妝是我的情人，那麼化妝刷就是情人給我的告白玫瑰。

我從小就很喜歡筆類的工具，喜歡寫寫畫畫，據說小時候「抓週」也是先抓了一支筆。讀書時代，曾想學習美術，一生手拿畫筆，但最終拿起的卻是化妝刷。

化妝刷對我而言，很像是文人墨客手中的毛筆，我喜歡手持光滑筆桿時的那種觸感，還有柔軟的毛刷觸碰皮膚的感覺。這麼多年的化妝職業生涯，令我對化妝刷有一種特別的感情。

　　　　　　　　　心機誘惑：裸妝

01 輕柔定妝散粉刷

02 蒲公英鬆粉刷

03 高潮腮紅刷

04 小臉陰影刷

05 亞光粉底刷

06 無痕粉底刷

07 平頭多功能刷

08 重調遮瑕刷 / 打亮刷

09 瞬間上色眼影刷 a

10 瞬間上色眼影刷 b

11 無痕火炬眼影刷

12 瞬間上色眼影刷 c

13 多功能眼影刷 a

14 多功能眼影刷 b

15 多功能眼影刷 c

16 多功能眼影刷 d

17 精緻眼影輪廓刷

18 圓形唇刷

19 方形唇刷

20 局部遮瑕刷

21 精準眼線刷

22 斜角眉刷

23 眉睫兩用鋼刷

24 根根分明螺旋刷

每個人都有一支化妝刷

我常常對我的學生們說，化妝也是作畫，畫畫有很多種畫風，化妝也是如此。想把化妝做好，那麼好的工具也很重要，即便我們在生活中化妝，也理應有一套好用的專業工具。

有一次，我在越南旅行，同行的女孩說想請我幫她化妝，我欣然答應。她滿懷欣喜地拿出自己的化妝包，翻出幾樣化妝品，像個小孩子一樣看著我，害羞地說：「看，我就這幾樣東西啊，是不是太少了？」

我從這些物品中撿起一支化妝刷，刷子有點舊，刷毛有些變形，似乎也很久沒有清洗了。

「只有一個眼影刷嗎？」

「是啊，只有一支，」緊接著她問，「那我該有幾支呢？」

我說：「一支呢，也可以畫，可能有些時候就不那麼方便了。」

女孩說她看到市面上琳琅滿目的化妝刷，但是自己不太懂，同時覺得好像使用起來太麻煩，就沒有配備。

從這件事上看出來，可能很多人都沒有專業的化妝刷，或許也不知道該怎麼選擇，怎麼用。也有很多人因為嫌麻

心機誘惑：裸妝

煩就隨便選一支刷毛質感沒那麼好，結果可能還對自己的皮膚有損傷，效果就更不用說了。

（化妝刷的質地）

　　我因為設計過自己的化妝刷，在產品設計及功能上有很多的經驗。加上產品反覆改進更新，我對化妝刷的功能、使用和設計等積累了不少自己的經驗。在這裡，我就和大家們分享一下。

專業的化妝刷具，能幫助你輕鬆打造妝容。

專業彩妝刷具的刷毛一般分為動物毛與合成毛兩種。天然動物毛有完整的毛鱗片，因此毛質柔軟，吃粉程度飽和，能使色彩均勻服貼，且不刺激皮膚。一般而言，動物毛是做彩妝刷刷毛的最佳材料。

貂毛是刷毛中的極品，質地柔軟適中。灰鼠毛也有上乘的毛質，一般也是大品牌手工刷具的首選。山羊毛是最普遍的動物毛材質，質地柔軟耐用。小馬毛的質地比普通馬毛更柔軟有彈性。

人造毛、人造纖維比動物毛硬，適合質地厚實的膏狀彩妝。尼龍質地最硬，多用作睫毛刷、眉刷。當然現在也有很多刷具的高科技纖維毛足以媲美動物毛，也符合保護動物的理念，清洗起來也很容易。

化妝刷的種類

多數人會覺得平時化妝的時間太少，或覺得自己不夠專業，想學習化妝，又覺得實在太麻煩。種種原因，造成了自己享受化妝的時間越來越少了，也失去了化妝的樂趣，面對琳琅滿目的化妝刷更是無從選擇。那麼我就介紹幾款必備的化妝刷吧。

[大女孩必備化妝刷]

蜜粉刷

　　首先必備的就是蜜粉刷。為什麼不是粉底刷呢？很多懂化妝的人可能會覺得粉底刷很關鍵。但我卻認為，蜜粉刷一定要有一支。

　　我們常常看到很多 1950 年代的廣告畫上，美女手持蜜粉刷往臉上撲粉的畫面。當然有時是那種毛茸茸粉嫩色彩的粉撲。就在那些粉塵飛揚的瞬間，女人的極致柔美也展現得淋漓盡致。

　　蜜粉刷在整套化妝刷裡屬於比較昂貴，我當時設計製作我們品牌的化妝刷時，選擇了頂級進口灰鼠毛製作蜜粉刷，這是出於自己對產品品質的一種要求。事實證明，要求得到了更多的回報。刷子確實非常

好用，非常受歡迎。

　　不過，後來在設計我們品牌 30 支專業化妝師彩妝刷具時，我們還是選擇了市面上普遍使用的山羊毛。

　　蜜粉刷既可以掃散粉定妝，又可以掃粉餅定妝。前頁的這款採用頂級進口灰鼠毛的蜜粉刷，應該是比較奢侈了。不過後來這款蜜粉刷選用柔軟的纖維也非常好用，隨身攜帶非常方便。

好刷標準 刷毛質地鬆軟，細密，刷頭形狀渾圓且中間突出，能夠均勻沾上散粉。具備以上特點的蜜粉刷就是好的蜜粉刷。如果刷具的毛質很硬很刺人，就會對皮膚產生刺激，甚至造成皮膚敏感。

粉刷作用 蜜粉刷可以使粉妝具有絲綢般的質感，妝面也會更乾淨，更持久。這一步通常是打底後定妝時的步驟。

使用粉刷技巧 沾滿蜜粉之後，最好輕輕地吹一下，將多餘的浮粉吹掉，這樣可以避免定妝不均勻。還有就是要反覆用打圈的方式進行定妝，沿著臉頰以順時針或逆時針的方向畫圈。這樣蜜粉會掃得更均勻，也更服貼。

心機誘惑：裸妝

粉底刷

　接下來介紹一下粉底刷。雖然打粉底可以用手指或海綿粉撲，但是如果習慣了使用粉底刷，就會知道它有多麼好用了。

　一般粉底刷都是採用纖維材料製作，因為粉底刷要經常清洗以確保衛生。不論是液體粉底還是霜狀或膏狀的粉底，都可以使用粉底刷來上妝。

　注意：很多人比較容易脫妝，卻一直找不到原因，以為是粉底選錯了，其實是因為沒有用粉撲按壓。

粉底刷上妝注意

1 先少量沾取粉底，上一層薄薄的底妝。

2 在膚色不均勻的地方著重反覆塗抹、按壓。

3 用粉底刷上完粉底，也還是需要用粉撲補充按壓。這樣妝才會很持久。

眼影刷

一般情況下，最少應該有兩支不同的眼影刷，刷頭大小不同，使用的面積也不同。

有人用手指塗眼影，也有人喜歡用海綿棒來塗抹眼影，其實最好用的還是眼影刷。

毛刷沾取眼影粉會很均勻，加上動物毛本身的彈性，會使眼影粉更容易上色。

眼影刷一般不用天天清洗，把大小兩支刷子分出深淺兩色即可。

刷淺色眼影　淺色眼影一般是打底，適合較大面積暈染，所以，需要比較大的刷頭完成。

刷深色眼影　深色的眼影，一般用小刷頭的刷子來完成，在對比較小的面積加重顏色時使用。

TIPS

想要一些更細的線條時，可以將刷頭側立起來。

心機誘惑：裸妝

唇刷

　　唇刷可以精確勾勒唇形，使雙唇色彩飽滿均勻，唇妝更為持久。

　　很多人都會用唇膏直接上色，或用唇彩直接塗抹。極少人在為自己化妝時使用唇刷。但我還是要在這裡介紹一下。因為有時如果需要畫出線條非常流暢的飽滿的唇形，唇刷還是非常必要的。

　　目前，唇刷應用得比較多的有兩種：一種是便於畫出乾淨俐落線條的方頭刷，另一種是適用於畫出圓潤線條的圓頭刷。

　　日常化妝，我們只選擇一種就好。

TIPS

　　通常唇刷的刷毛不會特別軟，因為太軟的刷毛彈性和力度不夠，不便沾取唇膏。

腮紅刷

腮紅刷可以刷出自然弧度的腮紅，暈染陰影，完美凸顯臉部輪廓。

有時候，一支刷子既可以當蜜粉刷又可以當腮紅刷。當然，這種一物兩用的作法，往往是在精減自己化妝包時才用。最好不要一物兩用，要讓每個刷子各有分工。

腮紅刷是刷頭相對於蜜粉刷稍微小一點的圓形刷，腮紅刷有時也常被一些品牌設計成白色或淺淡的粉色，這樣更加能夠與其他粉刷區分開來。

我個人會在感覺氣色不太好時為自己刷一點腮紅，這樣可以很快營造出一臉的好氣色。

心機誘惑：裸妝

眉刷

眉刷配合眉粉，能畫出相當自然的眉形，相較於眉筆更易控制力度和濃淡。

一直有人對我説不會用眉筆畫眉形，那麼，眉刷就是非常必要的了。眉刷通常質感較硬，更能刷出清晰的線條。

一般我們沾上眉粉後，先從眉毛的下面開始，在接近眉毛的中後段的位置，向後掃出眉形，不太需要沾太多眉粉，反覆把眉粉刷勻即可。

眉刷很適合化妝不太熟練的朋友，因為操作比眉筆更簡單。特別是在眉頭的過渡位置，眉刷掃出的形狀和顏色更自然。

工欲善其事，必先利其器。好工具就像是軍人的裝備。

當然，為了皮膚清潔，清洗刷具也非常重要。

直接把刷子丟到水裡浸泡，很容易使刷具的毛頭黏膠脫落。

正確方法是定期用專業洗刷水來清洗。

當然其他小工具也要經常消毒和清洗，例如，海綿粉撲也是要經常更換或清洗的。

其實華人女性開始接受化妝的時間比較晚，也比較含蓄，在歐美國家化妝就是日常生活的一部分，幾乎每位適齡女性都有一套甚至幾套化妝刷。

化妝刷也是有使用週期的，品質較好的 2-3 年更新部分刷子，品質不好的可能半年就要全部換新了。

為什麼這麼著重介紹化妝刷呢？不光是因為這是必備工具，更重要的是美是一種認同自我的態度。

心機誘惑：裸妝

美是一種認同自我的態度

———

我打造的第一家 LIN・MAKEUP 生活化妝造型連鎖店在上海落戶。我非常清晰記得我和我的合作夥伴在討論工作時，說開店的目的是想要大眾為改變形象而願意主動嘗試，不是教會他們化妝，而是讓大家意識到形象美的重要性。讓更多人改變過去，開始選擇更適合自己的妝容和造型，是我們的責任。不論是哪種形式，我內心深處最想要看到的是透過我們的努力能換來社會各界對化妝造型師這個職業更多的瞭解與尊重，願我們能承擔起這份責任。

這個觀點令當時在場的朋友很驚訝，因為以慣性思維來說，我做了專業化妝教育這麼多年，難道不是更想教會很多人化妝嗎？

確實，我不那麼想。真正能達到專業化妝師一樣的化妝水準，需要很長的時間，而且這個社會並不需要那麼多專業的造型師，需要的是讓更多人參與到這場美麗的運動中。如果所有人連最初的起心動念都沒有，又談何讓每個人都打理好自己的形象呢？

心機誘惑：裸妝

我希望有一天，整個社會的形象管理理念都能得到普遍提升。聖賢是少數，我們都是凡夫俗子，但凡人也可以有使命，使命無關大小，只要真誠利他。

對於事業，目標很遠，要長情，用心熱愛，盡情享受。

我們還推出「0」概念城市免費化妝間的專案，這個專案旨在滿足那些工作忙碌、時間緊迫的人的需求，讓她們在我們的自助化妝間完成自己想要的妝容。

那些已經可以自己打理妝容和做造型人，可以在化妝間裡零花費自行完成妝容和造型。

可以說，這是我的夢想，現在也開始呈現給大家了。

對於生活、事業、愛，我一直都沒有特別執著偏重於其中的哪一種，而是把自己對生活、事業的愛都融入我現在的每一天。我始終認為懷有一顆單純的心，就可以找到夢想的光亮。

裸妝的極簡主義

叫車很有意思，司機可以為乘客評價。曾有一次我叫車，那天我絕對是化了妝，而且化得比較精細，底妝、眼妝，連睫毛都仔細地修飾了一下，只是沒塗口紅。然後那個司機給我的評價是：素顏美女。

我啞然失笑，還拿這當例子告訴我的學生，透過其他人的眼睛，看到素顏該是什麼標準。當然，這是那位司機的評判標準，我想可能這也是大部分直男的評判標準。直男認為你只要沒塗口紅就是沒化妝，或塗了口紅就是化了濃妝，至於口紅顏色有什麼差異，則完全看不出來。

可能對於素顏的理解，不同的人是不一樣的。

女生理解的素顏，就是真的沒有化妝 —— 那是堅決不能出門的，明星是絕對不會讓你在他們素顏時來拍照的。一些明星有時候會發一張素顏照，但大多不是真正的素顏，都是化妝師精心設計的偽素顏，就是那種精緻的裸妝。

韓劇《來自星星的你》裡面有一個橋段：早晨，全智賢在家裡讓化妝師化了半天，假裝推著自行車從家裡出來。然後，

一群媒體記者擁過來，「咔嚓咔嚓」拍照，根本沒有發現她是精心打扮過的，都以為拍到了她最自然的生活狀態，這個片段讓我記憶非常深刻。

有一次給話劇《哈姆雷特》宣傳海報做化妝造型，男主角是胡軍，主演還有濮存昕等，女主角是盧芳，也就是胡軍的太太。那天我給盧芳姐化的就是一種很乾淨、很自然的裸妝。她很率真可愛，等我給她化完妝後就趕緊把她的化妝師叫來了，說：「你快跟曉琳姐學一學，怎麼做到把我化得自然還這麼好看！」張叔平前輩是這場話劇的美術指導，我能理解張老師需要表現的那種人物特點，妝容完成後必須看不出太多痕跡。這裡說的就是要「克制」，有時候不能用力過猛——這也是極簡主義美學在化妝上的活用。

我化過的一個最快的妝，是從機場接到對方，然後到活動現場她的妝容已經完成。那次是為香港演員毛舜筠化妝，是一場國際電影節活動。她比較瘦小，氣場卻很大，但那天經過幾小時的飛行，膚色稍顯暗淡。那天我的化妝時間只有從機場到活動現場這段路程的時間。按她的氣質，妝越淡雅越

好，我先給她調整好膚色，讓氣色明亮一點，然後把眉毛稍微勾出一點稜角，符合她的短髮髮型以及她立體的臉部輪廓，然後略微塗了自然色系眼影以及口紅，在車上非常顛簸的情況下又幫她打理了一下頭髮。下車時，她已經是光鮮亮麗了。

其實，我給大部分藝人化妝都不可能這麼快，那是最快的一次了。現在想想，那個妝容就是素顏裸妝。

裸妝就是偽素顏，但是很多人都喜歡這樣的妝容，因為自然的妝容更能展示一個人天生的美感。從專業角度來說，裸妝難化，因為你必須化得沒有痕跡。而且，時尚化妝的審美觀念裡一直有這麼一條原則：越自然越高級。

經常給品牌做秀場的一些化妝造型工作，這是我職業工作範圍的一部分。我經常跟學生講，客戶請你去化妝，不是要給模特兒化很久、用很多彩妝材料，在必要時，可能你選擇「不化妝」就是你的一種化妝。

當然，我也不反對個人審美觀點下的各種妝容選擇，哪怕是濃烈的豔妝，誇張奇異的造型——關於美的樣子，應該是允許每個人來定義的。

　　我曾經有一個作品，是我作品裡到目前為止化妝最少的
——只給模特兒臉上畫了一筆，連粉底都沒打。那張片子是
我最滿意的作品之一。而她後來被請去歐美走了很多大品牌
服裝的發布秀，很多時候也是因為品牌商面試模特兒時，看
到了她那張妝容痕跡很少、凸顯東方美的片子。

　　那一次是拍一個珠寶品牌宣傳片，當時模特兒的妝都化好
了，就差戴上珠寶了。珠寶是非常中式風格的，鑲了天然寶
石、綠松石、翡翠、瑪瑙。模特兒戴上珠寶時，整個造型熱
鬧無比，讓我覺得很彆扭。因為東方美特別看重自然和恬淡，
也講究留白之美。我覺得這些天然寶石，本身取自大自然，
你如果用非常厚重的粉底或太多的顏色，放到模特兒身上去
襯托這些天然的東西，就會有點喧賓奪主。珠寶大片是要表
達人跟珠寶合為一體的，你不能透過化妝把模特兒自身的東
西都給遮住了，模特兒自身的氣質與珠寶的設計要渾然一體，
不然這個化妝就沒有意義。

　　我講課也經常會講到一個概念：很多人最開始學化妝時，
認為一定要濃墨重彩才叫化妝，但是「捨棄」卻是很少有人

能做得到的。當你確定自己想要的東西，砍掉那些跟你想要的無關的東西之後，最後剩下的才是最重要、最能表現主題的東西，那些很花俏的妝點是沒有真正的核心意義。

美麗私語

其實我最擅長的不是人物形象設計，而是如何運用時尚創意造型設計為品牌在對外進行視覺傳達時賦予一定的能量。很多時尚品牌會找我做造型設計，就是因為我能理解品牌想要傳遞的某種品牌精神，或傳達它的某些設計理念。

我的化妝造型作品風格很多變，我也很享受這種不斷創新、不斷探索的工作狀態。

你應該享受化妝的快樂，化妝代表著創新，代表著變化。我們公司 LIN‧MAKEUP 的 Slogan 就是「創造美的一切可能」，我們認為創造美是快樂的。

心機誘惑：裸妝

所以，當時我就跟攝影師說，模特兒這妝不對，我想要重新化。

　　我就化了一筆 —— 給模特兒的一隻眼的眼尾畫一條眼線，另一邊眼睛連一點眼線都不畫。換一種珠寶，我就換一種相應的顏色在臉部做一個重點突出。那條眼線化得像書法中一「捺」的樣子。不打粉底，不畫眉毛，不塗口紅，任何其他部分都沒上妝。

　　那是我化得最少的一個妝。我認為那種情況下，什麼妝面都是多餘的，而要有美學的留白和禪意的東西、乾淨純粹的東西在裡面。

　　關於中國式美麗，我竟然找不到一句話可以概括。如果非要用一句話表達，我想，就是簡潔而有力量。

我深知創意生活對自己有多重要，如同我生命的養分，經由化妝造型表達，在傳授他人過程中尋找自己的生命價值。

美，

存在於每一個人的身上，

一千個人的眼中

有一千種美。

Chapter

04

場合機變：
美得剛剛好

造型是一種禮儀

很多人會問：是不是明星的妝都很難化？因為身為公眾人物，他們會有很高的標準。

「高標準」肯定有一定難度，但難的不是他們的要求，而是我的工作要符合對方工作的需求：

新聞媒體發布會：

那就要尊重發布會的需要，一般情況下，都會選擇比較自然的造型，避免太張揚。

　　　　　　　　　場合機變：美得剛剛好

參加盛大典禮或走紅毯，接受頒獎：就要用上相對隆重的妝容、造型。

拍攝時尚雜誌所用照片：就要嘗試做一些大膽的突破，同時保留個性本色。

廣告拍攝：就需要展現最真實、自信及美好的一面，並注重每個細節。

演唱會：就要考慮到現場燈光效果，整體造型要有強烈的舞台存在感。

場合機變：美得剛剛好

婚禮造型：我會把他們溫婉幸福的一面表達出來。

化妝造型也要遵循一種禮儀規範，例如，今天這個活動是需要穿禮服走紅毯的，就不能穿牛仔褲；但如果要求是穿正裝，那西裝配牛仔褲就是沒有問題的。

那 10 秒的尷尬

記得是 2006 年左右，我那時候還沒有自己開公司，還在一所學校做教務主管。當時我們去參加了一個服裝品牌的 VIP 客戶活動。因為當時來的人都是社會名流，老闆當時要求所有來賓必須穿得非常隆重，男士西裝，女士必須是禮服裙子。

因為我覺得自己是個工作人員，也沒有什麼重要任務，所以我就穿了一條牛仔褲，搭了一件更為隨意的上衣。

我記得很清楚，那個老闆在一群保鑣前呼後擁之下出場，經過我面前時，兩隻眼睛死死盯住我腿上的牛仔褲，最少有 10 秒鐘。他大概在想：這個人是誰，誰請來的？為什麼要跟我對著幹？

那個活動特別重要，所有人的穿著都是西式的，很莊重那種，只有我穿了條牛仔褲——還是有破洞的，膝蓋上左右兩條橫縫。當時他眉頭緊鎖，別人跟他講話他都不聽了，就盯著我的露膝牛仔褲。然後我就那麼站在那裡不敢動，心想：完了完了，穿錯衣服了。

我真的不是故意逆風反抗，只是覺得自己是個工作人員，可以不按要求穿。其實這是一個錯誤的想法。如果你接到一個活動的邀請，上面有服裝要求的話，一定要正確

場合機變：美得剛剛好

服裝，不要失禮，這對別人也是一種尊重。

當然，後來我和那個老闆成了很好的朋友。後來我笑著問他這件事時，他搖搖頭說不記得了。

考慮場合，服裝得體

這 10 秒的注目，讓我日後在接到活動邀請時，都會特別注意上面寫的服裝要求，讓自己把「得體」放在首位。

如果人家就是一個輕鬆的活動，你就不要穿得太隆重。如若不然，好像你要去搶風頭，要故意閃亮登場，而且，這個時候所有人盯著你的時間，肯定超過 10 秒。

如果要經常出入一些比較莊重的場合，我建議女生們都備一條小黑裙，一雙高跟鞋——3.5 公分的小高跟鞋就可以了。這樣的話，基本上去任何隆重的活動，都不會出錯。

除了服裝得體之外，你還要考慮到現場的燈光問題。這個也是受邀參加活動時需要注意的重要事項。

如果是室內活動，會打著各種光線，這種場合你的妝容上可以有一些亮晶晶的東西，讓自己看上去更好看。

如果是一個戶外的活動，你臉上就一點珠光都不能用，因為戶外的光線打在珠光上，會顯得臉上凹凸不平。你有再好的皮膚，都有可能看上去皮膚不好。

不同場合的妝容變換

親和明媚：約會妝

二八年華，青春正好。每每看著大街上春風般美好的小姐，我都會想起自己的 17 歲。哈，17 歲的我，有那麼多沒自信和擔憂。如果再回到那個時候，我還會那麼忐忑於自己的諸般不完美嗎？

會的。為外形糾結忐忑，正是青春記憶中的特殊標籤。

如果恰逢要和心儀的男神約會，那就不是簡單的忐忑了。想必處於這個年齡段和已經走過這段歲月的人，都會有所體悟。即便是跟著我學化妝的業內人士 —— 我的學生，也會出現這樣的情況。

「岳老師，告訴我，該怎麼穿？怎麼化妝？線上等！」

把該晚上穿的衣服放在白天穿，然後把晚上適合化的妝在白天化，都不合適，是吧？

如果是初次約會，那就更應該表現得有親和力一些、自然一些。因為第一印象是如此重要，見過第一次面之後，你永遠沒有辦法讓別人替你打第二次分數。

約會妝容與服裝建議

1 瞭解約會的地點。我覺得無論是哪一種妝，跟場合、環境都有很大關係。

2 如果你是夜晚的約會，那妝容就可以稍微濃豔一點。在燈光下，齒白唇紅，面若桃花，肯定沒錯。

3 如果你是白天和男生見面，我建議你把妝容處理得自然一些 —— 如果是喝下午茶，那就更要輕鬆一些，千萬不要讓穿著、化妝顯得太過隆重了。

第一次的樣子會特別深入人心，在第一次約會時無論造型還是服裝，都應該傾向於自然、輕鬆一點。當然，夜晚約會的話，可以稍微明媚一點。

不搶風頭：伴娘妝

婚禮的必備輔助角色是伴娘。如果你被邀請去替閨密當伴娘，一般婚禮會給伴娘準備伴娘服，所以你可以不必為服裝發愁，只需要注意妝容就可以了。

如果有專業化妝師，你就不必為這個事情煩惱，但是，如果是自己化妝的話，記住不要搶新娘的風頭。

　　如果你不是伴娘的話，可以穿得簡潔一點，切記不要穿紅色，不要穿類似於婚紗、小禮服的衣服，這樣容易讓人誤會你是來搶風頭的，也是一種失禮的服裝。

　　我見過一個女生很有趣，穿了紅色的衣服去參加朋友的婚禮。這對新人一直在外地工作，很少回家，所以除了很親近的親屬，基本都不太認識新娘。有些遠親來道賀時，真的有人誤以為她就是新娘，出現了不少尷尬的情況。

　　如果參加婚禮，最重要、最禮貌的就是要襯托一下你的新娘閨密。那天你只要自然點、大方點就行了。

　　有的人開玩笑說，是不是結婚時要找比自己醜的伴娘？其實不是這樣，但大家都會心照不宣，一定會盡力襯托新娘的美。

　　如果非要給出一點建議，那我會建議你化個不失禮貌的淡妝，然後穿裸色系的衣裙——你會被淹沒在熱鬧的活動裡，這樣反正是不會出錯的。

達成夢想：新娘妝

如果要給那些即將結婚的人來說造型、妝容的話，首先要強調的就是確定自己心中的婚禮是什麼樣子。

我遇到過好多人，她們會受別人的影響，覺得婚禮應該做成像誰誰婚禮的樣子。

我覺得一生一次的終身大事，一定不要受他人的影響，必須回憶自己最初夢中婚禮的樣子，照著那個樣子呈現出來就可以了。

不要為了華麗，為了奢華，改變初衷去做無謂的仿效——過後你會後悔的。我接觸過太多太多這樣的事例了，不知道有多少個新娘被我送到婚禮的殿堂。每一個新娘，我都會鼓勵她們去找自己夢中婚禮的樣子。胡可和沙溢的婚紗照，是我負責化的妝；還有《甄嬛傳》裡演槿汐姑姑的孫茜，婚紗照妝、婚禮妝也是我為她化的。

我覺得孫茜婚禮是最典型。她拍婚紗照時，我給她做了好幾款造型，都挺漂亮，而且風格都不一樣。結婚當天，我提前給她試了幾個造型，她覺得都可以。

但是在結婚的當天，她改變主意了。她說她跟先生有個浪漫的約定：為他留長髮，留到長髮及腰，兩個人就攜手相伴一生。

她很篤定地告訴我說，希望在婚禮上能將頭髮放下來。

因為她頭髮雖然長，但當初我給她設計的造型都是頭髮要盤上去的，不過，既然她提出這個要求，我自然很開心地滿足她了——上面盤了一小部分，下面垂下來。

她在婚禮的舞台上還放了一個旋轉木馬，一切都是按照他們當初夢中婚禮的樣子去做的。她和先生經過了長達七年的愛情長跑，這個故事本身就很感人，現場的布置和新人的造型都充滿了故事感，讓人感動不已。

所以在婚禮的過程中，閨密說、伴娘說、媽媽說……都不要聽，就辦成自己夢想中婚禮的那個樣子，肯定不會後悔。

有一次我遇到一個「皇后媽媽」，說要讓她的女兒在婚禮上像公主一樣。

我和她半開玩笑地說：「那你能告訴我是哪位公主嗎？」

對設計師來說，她這樣的建議，其實是很可怕的，古今中外，有那麼多公主存在過，你至少告訴我你要讓女兒做哪一位公主吧？

結果那個媽媽愣住了——她也實在不知道最後要什麼樣的結果。還好，我和新娘溝通了一下，終於讓她說出了

自己真正期待中的構想。

結果當然是非常完美的。所以，姐妹們，人生最美的婚禮，就讓你們自己做主吧！

大方得體：商務妝

我覺得商務妝可以簡潔總結為：大方得體，乾淨清爽。

對職場人士來說，妝容上不要用太多濃豔的顏色，服裝也應盡量幹練些，而且不要穿得太暴露。身上佩戴的飾品也要恰到好處，適當有些點綴即可，顏色最好少一些。

我曾經幫一個女企業家做競標活動的服裝和妝容設計。她要去的是典型商務場合，而且是 IT 行業的盛會，招標會上的來賓大部分都是男性，馬雲當時就在場。出席這麼重要的場合，她很慎重，就問哪種造型感覺會更好。

我覺得現場有這麼多男性，只有她一名女性，這還是很占優勢的，所以我讓她穿了一身千鳥格的套裝，脖子上給她紮了一個小小的橙色絲巾。這樣除了顯得素雅幹練之外，也讓她在頭部這個位置上有個亮點。這身服裝算是突破她以往的形象了，嚴謹的元素有了，亮點也有了。

雖說商務裝應該顯得正經，但風格選擇也得視情況而定。

陪同人員服裝

如果你只是一個陪同人員，不是重要人物，你當然要穿戴得素，低調，不引人注目才行。這一點很重要。

一般比較有嚴謹感的職場服裝搭配有：

- 深藍色套裝、套裙
- 小西裝、長褲
- 豪華小西裝配長度到膝蓋以下的裙子

身為陪同人員，你選擇以上搭配，會看起來很幹練，而且別人好識別身分，一看就知道助理或文書之類的人員。

場合機變：美得剛剛好

主要人物服裝

如果你是一個主管，那你就得注意一些，身上一定要有些亮點。但不要佩戴一些亮晶晶的配飾，這種就顯得不正式了。特別顯眼的大 logo 也不可以有，例如，說大的 Gucci、LV 的 logo，這些都是要稍微收斂一點的。我一直建議要有一些低調奢華。

服裝　選擇那些看著有品質的品牌，但是上面又沒有特別明顯的 logo。例如，在服飾方面，第一是對服裝面料有一些要求，一定要用上好的材質，這樣坐下也不會有褶皺；第二是搭配的色彩，要簡潔、幹練一些。例如，全身就一種或兩種顏色，黑白灰、深藍，都是常用色。

頭髮　無論是男性還是女性，頭髮要清清爽爽的，一定要乾淨，這是很重要的。配飾的話，可以戴一些首飾，但一定要保證首飾款式簡約大氣，材質可以是珍珠類的或鉑金類的，再加上好看的包包、眼鏡之類就可以了。

筆記本、簽字筆　這些小物品也是代表品味的物品，也要注意它們的品質。

不能缺少的卸妝

我周圍有這樣一些朋友，她們是聚會達人，每逢週末必然組織或是忙於各種聚會應酬，自然都需要化妝。

她們鍾愛化妝，但又苦惱於化妝，因為熱鬧了一天回到家裡，只想立即躺下休息，但還有一件不得不面對的事情——卸妝。這個時候，從沙發到化妝室洗臉台的距離，就顯得無比遙遠。

卸妝成了每個女人的一場劫難。

其實卸妝問題也是導致大多數女性朋友不喜歡化妝的重要原因。不是不想變美，而是怕麻煩。

我想說的是，為什麼不能把卸妝當作一種慢慢享受生活的過程呢？

每天工作結束回到家，我最愛做的事情就是卸妝。

卸妝的整個過程舒心自然，算是犒勞辛苦工作了一天的自己。如果還可以敷個面膜就更完美了，讓皮膚帶妝一整天之後得到放鬆，也是犒勞自己的一種方式。當然每個人的肌質不盡相同，卸妝用的產品也一定是不同的。

各種膚質的卸妝品

乾性皮膚 一定要用溫和補水的卸妝品。

油性皮膚 一定要使用深層卸妝產品，需要配合按摩才能徹底清潔毛孔裡的殘存化妝品。

敏感性皮膚 不要使用泡沫豐富的卸妝產品，可以選擇乳狀的卸妝產品。因為泡沫質地的卸妝品去汙力一般都比較強烈，容易刺激到敏感皮膚。

如果妝卸得不夠好，常會引起皮膚乾燥、毛孔堵塞、長痘痘，甚至還有可能會因為彩妝品引起色素沉著。

TIPS

乳狀的卸妝品比較溫和，配合按摩的方式，卸妝效果更好。把妝卸乾淨，皮膚才會呈現最佳狀態，也更容易吸收護膚保養品。

正確的卸妝流程

① 用兩片卸妝棉沾滿溫和的卸妝水。

② 將棉片輕敷在眼部，然後慢慢揉擦眼妝，感覺眼妝基本卸淨時，將棉片翻轉過來揉擦整個臉部。

③ 再拿一片棉片，倒上卸妝水，再擦一遍全臉，看著彩妝卸掉之後的皮膚裸露出本來的質感和光澤，是一件讓人非常愉快的事情。越發感覺皮膚像煥然新生一般，通透極了。

④ 用溫和的卸妝乳再次清潔皮膚。

④ 清水沖洗，進行夜間護膚的程式。

　　　　　　　　場合機變：美得剛剛好

[岳曉琳卸妝祕笈]

在這裡向大家推薦一下適用於不同皮膚和部位的卸妝產品。

1. 卸妝油　　　　2. 卸妝膏　　　　3. 洗面乳
4. 雙層卸妝水　　5. 保濕型卸妝液　　6. 洗面皂

我個人最愛用的是溫和的保濕型卸妝液，很多品牌都有保濕型，我一直在用的是 BIODERMA 貝膚黛瑪舒敏高效潔膚液中保濕的那款。

當然我還用過一些韓國的卸妝膏，但原理都和卸妝油很像，得先把臉上的妝揉花了再抹掉。這個過程還是有點難看的，尤其是在臉上妝比較濃時，所以我會單獨先卸眼妝。

另外，根據自己的膚質選擇適合的卸妝用品，也很重要。

敏感的皮膚最好不要用膏狀的或油性 卸妝產品，因為可能會在清洗不徹底時，引起皮膚問題。

無論產品本身品質或宣傳有多好，我們都不要以為只有一款卸妝品就夠了。我們應單獨有一款眼唇卸妝品。這種通常是雙層卸妝水，使用前要搖勻，能夠卸防水的睫毛膏和眼線產品。還有就是，卸完妝一定要再用洗面乳徹底清潔臉部。

市面上有多種形態的洗完臉產品，我建議一定要詳細瞭解功效再購買。

卸妝產品屬於臉部清潔類產品，是化妝人士每天必用。

其他清潔類產品，如深度清潔的洗完臉膏、去角質的磨砂膏、配合儀器一起使用的清潔產品等，都不適合天天使用，一般每週使用一次或兩週使用一次。

洗完臉刷　敏感皮膚者建議不要用電動洗完臉刷，因為皮膚太薄，外界刺激很容易引起皮膚敏感。如果用也不建議使用時間太久，快速洗完臉後就停用，避免皮膚受到過多刺激。

卸妝棉　毛巾一定要選擇純棉的，我現在基本上都用純棉的毛巾取代了傳統毛巾，還有就是擦乾臉上的水時千萬不要用力，輕輕吸乾多餘水分就好。

卸妝後最重要的是不能讓皮膚水分流失，所以要及時用化妝水或天然保濕噴霧來補充水分，再進行下一步護膚步驟。

眼部卸完妝還可以滴一下潤眼液，尤其平時戴美瞳的人，這時要好好地清潔一下眼睛，因為卸妝時會有少量殘餘化妝品進入眼部。雖然不至於馬上引起不好的症狀，但時間一長，這種傷害也不能忽視。即使不戴美瞳的朋友也最好養成這個習慣。

卸妝後的護膚過程我就不多說了，因為大家可能想不到，我的皮膚太過敏感，各奢侈品牌的面霜都用過，而最愛用的護膚品卻是維生素 E 乳。

當然，這不是勸大家不選擇大品牌產品。我認為，無論用什麼，適合自己的最重要。

另外，對所有人來說，皮膚的保濕最重要，適度使用補水面膜以及天然水噴霧等都是不錯的。所以卸妝後，來一片面膜或用水噴霧多噴幾次，身心都會倍感舒服。

因為不願意花費時間卸妝而不化妝的人很多，我在這裡寫下這些，主要是想和大家分享卸妝的樂趣。

有時把自己的妝卸掉一半，然後左右臉對比，也是很有趣的。我們常常會在網上看到一些美妝達人卸妝的影片，我也曾和網友分享我卸妝後的素顏照，然後大家驚呼化妝真的好神奇。

呵護自己的皮膚未必要使用很多大品牌產品，而是要注意養成良好的習慣，如果能養成好的卸妝習慣，你也會更加愛上化妝。

YUEXLIN 雙效卸妝水

我曾給演員唐藝昕化過很長一段時間的妝，她是一個很愛笑的美麗女孩。

她的笑容很甜，就是那種適合妝容非常非常淡的人，需要給她化的地方很少，因為她本來就長得很漂亮，皮膚好，所以，對我來說，如何處理她的頭髮很重要。至於她的妝容我覺得要越簡單越好。有一次她參加廣告拍攝活動，那個時候她是短髮，我把她頭髮稍微梳梳，弄得俐落一點，然後再穿上一件粉色的 A 字裙禮服，即使是淡妝，氣場也會隨之改變。

當時給她做的造型，我無非是針對她的個人特點進行了簡單的修飾，就達到了近乎完美的效果。

我認為這很大程度與她自身的氣質有關。有人說，愛笑的女孩運氣不會太差，我覺得愛笑的女孩都不會暗淡太久，她們的笑容是星星，是讓妝容提升到另一個高度的最佳祕密武器。

一旦有了笑容這個「必殺技」，服裝和髮型變化會讓氣質改變得更明顯一些。每當我遇到愛笑的女孩時，我都會被她們的氣質打動──甜美笑容是最好的妝容。

我常對學生說，一個笑容很美的人，妝容只是發揮輔助作用，不要用化妝掩藏了她的美。如果你的化妝不適合，她無法自信地笑出來，妝容再精緻也是錯誤的化妝。

口紅的美麗與優雅

從中世紀就開始了，

當時女人們用檸檬

去加速嘴唇血液循環，

使嘴唇變成血紅色。

05

口紅的
唇語祕密

我記得第一次去韓國，非常驚訝地看到韓國街頭有很多5、60 歲的阿姨在發傳單。她們都化著精緻的妝，塗著顏色顯眼的口紅。

她們臉上已經有細紋，頭髮也有點白。但是，頭髮燙捲，梳得很整齊，嘴上塗著鮮豔的口紅。這讓人印象深刻。

對於妝化得好不好，形狀對不對，很多美妝課程都會教大家，例如，唇峰在哪裡之類的。我覺得，日常化妝時只要把唇部的顏色提上去，口紅的效果就會達到。當然，如果你化得很有型，輪廓很棒，又注意層次變化，顏色均勻，那就更好了。

對藝人來說，她們的唇妝大多要根據工作要求。在生活中，她們反而以潤唇膏為主，很少為什麼新顏色的口紅而瘋狂。

而化妝師看到新顏色口紅，就要瘋狂買。像我每次出差，在機場看到新顏色就會忍不住買。雖然自己一點都不缺口紅，但是新顏色就是能激發人購買的欲望。

一個女人，一支口紅

一支口紅對一個女人來說，到底有多麼重要？

「沒有口紅的人生和鹹魚有什麼區別。」

「沒塗口紅都不好意思出門。」

「又看中了一款新口紅，看來這個月可能要吃土。」

⋯⋯

口紅是化妝必備的基礎單品，即使眼影眼線沒怎麼化，只要塗個口紅，整個人的精神立刻就不一樣了。

哪怕我平常面容憔悴不堪，只要塗上那一抹明亮的色彩，馬上就煥發光彩，迸發出活力。

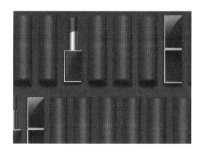

仔仔細細塗口紅的人，不會允許自己
頭髮是油的，衣服是皺的，也不會允
許自己的背是駝的，表情是木訥的。

口紅的唇語祕密

口紅對一個女人來說，究竟意味著什麼呢？

女作家張愛玲小時候就非常喜歡口紅，投稿得到的第一筆稿費，她就是跑去換了一支口紅。口紅一塗就塗了幾十年，後人在整理她留下的遺物時，除了手稿和假髮，就是口紅。用《流蘇與安娜》裡的話來說：「寫作是安慰內心，假髮是抵抗歲月，口紅則是展現給世界的一抹亮色。」

電影《北京遇上西雅圖2》裡，湯唯飾演的女主角，也算是嘗遍冷暖。去工作時，紮起馬尾，一定會塗最亮的大紅色。那是她不服輸的保護色，「當我紅唇微翹地站在你面前，你就要小心了，我的戰鬥力就快爆表了」。

香奈兒女士：「心情不好時，就再塗一層口紅，然後出擊吧。」

無疑，對女人來說，口紅已經不是一個化妝單品那麼簡單，更像是女人的一個武器。

化妝無疑也具備了這樣一種攻擊力，當然這句話並不是讓你具有攻擊性，更多的是對自我的一種暗示。我很美，我依然那麼美，我就是這樣的美，這些都是讓自己自信的潛台詞。

瑪麗蓮‧夢露：「口紅就像時裝，它使女人成為真正的女人。」

我記得我十幾歲第一次接觸化妝品時，是我的姑姑給了我一支變色口紅，塗上去會變色，讓唇色看起來比較紅豔。塗完之後，我立刻感覺自己長大了，好像真的有種神奇的力量，它告訴我，從現在起你就是一個大人了。

我的彩妝品牌的第一個單品就是經典系列霧面口紅。我為什麼推出這種霧面亞光？因為塗抹霧面口紅時，顏色很容易達到飽和，而且塗薄一點和塗厚一點的效果都不一樣，更容易塑造多種風格。

伊莉莎白‧泰勒說：「給自己倒杯酒，再抹點口紅，你就重新活過來了。」我們常在電影中看到這樣的橋段：一個失意的女人會對著鏡子慢慢描畫口紅。導演是在用這種

場景渲染人物情緒。

塗口紅對女人來說，有時是一種情緒的出口。

當然，就我們的妝容而言，塗抹口紅相比其他的環節來說，是不太需要很多技巧，但是塗上口紅，對一個人的氣色以及精神狀態的提升，效果卻是立竿見影的。

不過，我還是要和大家說說怎麼選對口紅。因為確實每種色彩所詮釋的風格、表達的資訊是不同的，而不同的塗法也會有很大的風格差異。

口紅顏色，你選對了嗎？

口紅有很多種顏色和質感。選擇顏色時最重要的是要與妝容風格搭配起來，當然也要能襯得膚色好。

根據質地選擇

選口紅不用像選粉底那樣嚴謹。有時候，你就是簡單選擇一個你喜歡的色彩，也能夠達到很好的妝效，因為沒有什麼能比你自信的氣質更美了。

各種質地口紅的特色

霧面　質感比較經典，也最容易凸顯色彩品質。
滋潤型　通常有些許油潤，塗在唇上會增加雙唇的亮度，也會使唇形看起來更為飽滿。

　　　　　　　　　　　　　口紅的唇語祕密

每個人至少應有一支大紅色的口紅，還要有一支能
顯示健康氣色的裸粉色口紅，抑或是同色唇彩、唇
釉。這兩種顏色是必備的。

不過，口紅的質感確實是非常重要的。

切記：我不太建議選擇油光過多的口紅，因為油光過多
的口紅容易塗不匀，也容易顯得較為廉價，尤其深紅色的
口紅。

至於珠光口紅，這種口紅對歐美妝來說很適合，對於亞
洲人的生活美妝，還是不太適合，會顯得不那麼自然。

除了唇膏以外，唇部產品還有唇彩、唇釉等產品。這些
和口紅的功效也是一樣的，只是包裝和形式不同，而且有
質感的也很多，顏色也很多，選擇適合的就好。

根據場合選擇

不同的場合，需要選擇不一樣的口紅。

參加正式會議時：最好選擇看上去顯得成熟穩重的顏
色。要盡量避免使用有光澤的口紅，可以選霧面效果，以
免給別人留下不正經的印象。

出門逛街時：可以選用暖色的口紅，適合外出遊玩的輕

鬆氣氛。

參加晚會派對時：可以根據自己的服裝選擇大紅、復古風、桃紅等顏色的口紅。

口紅一塗上去，整個人的氣質就變了，這在我的職業生涯中是常見的事，造型師存在的意義就是讓一個人變成另一個人。

如果你想尋找不同場合的顏色，可以先上一個自然色，然後再上一個誇張色，對比一下自己氣場的變化。

教育工作者大概會需要稍微淡一點的顏色，例如：豆沙色。即使顏色很淺，塗上之後氣質也是不一樣的，氣色也絕對不一樣。

根據膚色選擇

唇妝是化妝當中最容易改變氣場的部分。

皮膚偏暗的人：比較適合暖色系中偏暗的紅色，例如：褐紅、梅紅、深咖等顏色的口紅。不適合淺色的口紅，因為淺色的口紅會讓本就不白的皮膚顯得更為暗淡。

皮膚白皙的人：比較適合選擇冷色系的口紅，例如：紫紅、玫紅、桃紅等顏色，配合白皙的皮膚，可以讓整個人看起來都充滿活力。

　　　　　　　　口紅的唇語祕密

除此之外，一些暖色系，例如：桂色、淡橘色的口紅，適合大多數膚色的人。

根據氣質選擇

妝容豔麗型：可以選擇大紅、深玫紅、復古紫等顏色的口紅，可以讓人在冷豔中又帶有熱情的魅力。

典雅型職業婦女：可以選擇玫瑰紅、紫紅或棕褐色的口紅，給人一種成熟又知性的感覺。

清純可愛型：以粉色系為主，粉紅、粉橘、粉紫等顏色的口紅，都是非常好的選擇。

唇形輪廓的變話也可以達成效果，例如，一個人的唇比較薄的話，可以多嘗試一下化飽滿唇妝，會給人不同的感覺。

咬唇妝

為什麼有咬唇妝呢？它的來源就是真的咬幾下嘴唇，讓嘴唇發紅，呈現一種獨特的女性美。這種美給人一種古典仕女楚楚可憐的感覺。你可以試著使勁咬兩下嘴唇，嘴唇就會發紅一點，臉色就會顯得好一些。

把顏色塗在唇的中間，兩邊虛一點，這就成了咬唇妝。這樣可以模擬咬過的感覺，顏色也會很自然。化了咬唇妝的嘴

咬唇妝化妝技巧

首先，上妝前，要保證唇部有一定的滋潤度，並且用潤唇膏軟化有死皮的地方。

其次，在上唇色前，建議使用遮瑕產品（粉底液或唇部打底膏）遮蓋住原本的唇色。

再次，將口紅塗抹在唇部的最內側，抿一下雙唇，將生硬的線條柔化。

最後，用手指輕輕地將顏色抹開，打造自然的效果。

　　　　　　　　　　口紅的唇語祕密

唇看起來立體飽滿，很翹，人會顯得很年輕、自然。

　　口紅是最不挑化法的，因為在生活中，你只要能塗口紅就可以了。

滿唇妝

　　滿唇妝是最突出的唇妝，可以調整唇形。

　　先將口紅塗抹整個雙唇，如果覺得如此太過突出，可以用棉花棒將邊緣淡化、模糊化。

　　唇釉很適合畫滿唇妝。

　　唇釉的刷頭一般都是有角度的，它的作用就像是口紅的斜角，是為了方便你描畫的。

　　對於唇釉，你會不會化，化得好不好，對不對稱，形狀對不對都不重要，因為口紅只要顏色一出來，質感對了，效果就馬上表現出來。

唇釉化妝技巧

使用唇釉，你可以先化下唇，接著上下唇「複印」一下，然後再拿手指把邊緣暈開就可以了，這是最快的化妝辦法。當然了，如果你很擅長化唇妝，可以用唇刷勾唇形，把唇形化得飽滿一點。

化薄唇的技巧

稍微地把顏色往唇線處多化一些。

如果人中太短，就不能往上化，只能把唇妝化得厚一點，不能添加高度。

如果人中比較長，那就可以把唇峰拉高一點，把唇峰加高，上唇加厚，下唇也加厚。但是，對於這種處理，我們一般都很慎重，為什麼呢？下唇稍加厚那麼一點點，下巴可能就會顯得短了，一定要知道拉高多少唇峰合適。

薄唇	對大部分普通人來講，可以化一些顏色明快的顏色，就是比較鮮豔一點的、深的顏色，塗深色唇膏就會讓唇一下子顯得立體，可以讓別人更留意到你的唇。
	如果不會用唇膏化，拿唇筆來化，比唇膏好操作，或用唇線筆先描線，再去拿唇刷填。這樣可以把唇化得稍微飽滿一些。
厚唇	厚唇的話，我不建議往裡化小，因為這會有種此地無銀三百兩的感覺。我經常跟我學生講，千萬不要把厚唇特意往裡化小，不要給唇留個

　　　　　　　　口紅的唇語祕密

邊，你這樣做，只會讓別人看到你掩藏嘴唇厚的缺陷。

注意：

第一，厚唇千萬不能選擇太油亮的口紅，珠光的也不行，可以選擇霧面的，或稍微滋潤一點的，但顏色不能很亮。

第二，對於顏色的挑選，不要太豔麗就行，別太誇張，別太顯眼。

把唇化小的方法
第一，顏色不要搶眼；第二，質感不要太油光；第三，邊緣不要太清晰，就是要虛化邊緣，用手指或棉花棒都可以。
其實，厚唇並不是個問題，我特別喜歡厚唇。
我挑模特兒的三個重點：第一，頭小，臉就會小；第二，眉毛一定要粗；第三，唇一定要厚。

色印

色印唇色是在做好滿唇妝的基礎上完成的。化好滿唇妝後，準備一張紙巾，輕輕地抿一下，留在唇部的就是色印了。

這種畫法很低調，而且會讓妝容保持得更加持久，適合那些不想太過高調的人。

口紅效果更持久的技巧：在完成唇妝後，用散粉刷沾取散粉，輕拍在唇部，或拿一張薄紙巾在嘴唇上來回輕掃，然後上下唇輕抿，就會讓口紅不愛掉色。

　　注意：在購買口紅時，一定要根據自己的膚質來選擇。嘴唇容易乾燥起皮的朋友，如果選擇了霧面或絲絨效果的口紅，可以在使用霧面口紅後，再使用無色的唇彩塗一點點。因為霧面口紅雖然通常顏色非常飽和亮麗，色澤均勻，但會有一點偏乾。

唇膜小技巧

　　可以使用蜂蜜、橄欖油或牛奶，以 1:1 的比例，調成糊狀敷在唇部大約 15 分鐘，就可以看到雙唇的變化。

唇部保養

　　唇妝對女人非常重要，在這裡，我簡單分享一下我的護唇經驗。

　　第一，乾燥的天氣會引起脫皮，當你缺水時，嘴唇也會顯得異常乾燥，影響美觀。所以平時要隨身攜帶護唇膏，既能滋潤雙唇，也能讓嘴唇顯得更亮眼。

　　第二，你如果經常做唇膜，就會慢慢發現雙唇的嬌嫩程度

去角質小技巧

可以用蜂蜜調和白糖塗抹在唇部輕輕揉搓，大約半分鐘
之後用清水洗淨；或使用專業的唇部去角質產品，例如：
ETUDE HOUSE 唇部角質磨砂霜。

如同逆生長一般。

第三，不要忘了給唇部去角質。當嘴唇出現皺紋，或總是
脫皮、乾燥，就代表你該給它去角質了。

長期堆積的角質層除了令唇部外觀不雅，還會讓你的口紅
上色、顯色困難。嘴唇是非常柔軟細嫩的，所以一定要採取
溫和的去角質方法。我一般用自製的去角質小技巧。

注意：去除角質後，再塗抹護唇的唇油就可以了。

第四，給唇部去角質，一般情況下兩、三個星期做一次。

還有一點就是保持作息規律，讓身體保持健康態，如多喝
水，多吃水果和優酪乳，保持胃腸健康。沒有胃火，通常唇
部也就不會乾燥起皮。另外，風大的乾燥季節，不要舔嘴唇，
因為那樣很容易使嘴唇乾裂，應該使用潤唇膏。

一個唇印的隱喻

看電影時，我喜歡看一些細節，思考導演為什麼要強調這個細節。這些細節的東西會在整個劇情當中穿插著，對推動劇情的發展和展現人物的心理變化有所幫助。身為時尚化妝造型師，我關注的細節主要在服飾和妝容的設計上。

如果你和我採用同一種觀點看一些鏡頭，你會獲得很有趣的發現：口紅在不同劇情中，變換著它的樣子，傳遞著某種隱喻的內涵。例如，電影《色，戒》中湯唯留在咖啡杯上的那抹紅，嬌豔而曖昧，和整個劇情發展若有若無地產生著不可名狀的聯繫。

關於口紅的故事，我經歷和看到的也很多。

當我還是一個在公車和地鐵上擠來擠去的年輕小姐。有一天，我要去見一些重要的人，早上就塗了顏色很亮麗的口紅，然後匆匆忙忙擠上公車。

那天車上的人和往常一樣多。我前面站了一位身材高大的男士，穿著雪白的襯衫，戴著一副眼鏡，文質彬彬的樣子。我眼神飄忽，想著要完成的一些工作。突然司機一個急車，我一頭撞到前面男士的肩膀上。這麼一撞，我的口紅黏在他

白襯衫的後肩膀上了——一個非常清楚的唇印。

他自己並不知道。我當時心想,完了完了,這個人回家絕對解釋不清楚了。他應該是一個已婚人士,唇印在白襯衫上非常明顯——現在想想,我覺得這個人真是太可憐了。然後我趕緊把身體轉過來,裝作什麼都沒發生。這個故事我每次想起來都覺得很搞笑。

有時候,我們會故意把唇印作為一種妝飾元素,放在創意妝容上,放在衣服上面,甚至把唇印設計成一些飾品。我跟大家講這個經歷,就是想解釋唇印為什麼會有這麼吸引人的效果。

在人們眼裡,唇印代表著女性的情調。塗滿了口紅的唇才可能印出一個完整的唇印,而這一系列的動作,又包含著怎樣的深情。

頭髮對我們來說實在是太珍貴了，

它們是我們身體的一部分，

正所謂「身體髮膚，受之父母」。

或許我們的頭髮不那麼油黑，

不那麼柔亮，

但它們真真實實地陪伴著我們。

你的秀髮

髮廊裡的小女孩

我被問到最多的問題不是關於化妝，而是關於髮型。在做化妝師之前，我就很喜歡髮型師這個職業，於是我便背著父母偷偷跑去學習美髮，也算是圓自己曾經的一個小小的夢。

小時候，很喜歡待在髮廊，那個在小髮廊裡一待就是一下午的小孩便是我。看著髮型師手裡的剪刀飛舞，那些飄落一地長長短短的頭髮，滿屋子嗆鼻的燙髮水的味道，對我而言是那麼的新奇有趣。出出進進的男男女女，每個人進門來時憔悴萎靡，出門時又都精神抖擻。從那時起，我就深深迷戀上了頭髮，希望有一天，可以撥弄出千姿百態的頭髮。但那時我還是個小學生，只能在放學回家後，召集那些鄰居家的女孩到我家排著隊找我梳辮子。這就是女孩子的愛美天性，從小不點時，我便開始做創造美的小小設計師了。

對一個小女孩來說，頭髮的重要性，甚至超過了美麗的衣服。

　　還記得自己小時候留著一頭長髮，疼愛我的姥姥總是給我編美麗的麻花辮。直到上學讀書，媽媽不希望我每天浪費時間在編辮子上，就給我剪成了「蘑菇頭」。當時我哭得稀哩嘩啦，那個姐姐遠遠看著傷心的我，不知道怎麼安慰才好。

　　我想每個女孩都曾有過類似的經歷，只是故事不同。

　　我們對鏡梳理它們時，就好像是與自己對話。我們迎風行走時，可以感受它們拍打肩膀，或看到它們在眼前飛舞。它們曾和我們一起悲傷，一起歡笑⋯⋯

剪不斷理還亂

到底是留長髮還是留短髮呢？

總是困惑於這個問題的你，困惑了許多年之後，也未必做得了大膽的變化。到頭來說要剪短髮的長髮女孩依然留著長髮，而說要蓄起長髮的你可能還是沒有熬過那個最難看的時期。

那麼到底什麼樣的髮型適合你呢？請用「YES」和「NO」回答我下面的 10 個問題，答案很快就可以揭曉。

＝＝＝（ 長短髮選擇小測試 ）＝＝＝

1. 你的秀髮屬於細而柔軟的，很順滑，人人都稱讚。

2. 你的秀髮比較濃密，總是令人羨慕。

3. 你的秀髮顏色不經染色或護理時是自然的黑色，且光澤很好。

4. 你的頭型屬於頭頂較尖的那種，總是有人説你看起來身高較高。

5. 你説話的語速比較緩慢，即使是生氣時也不是很快。

6. 小時候經常被人稱為「小公主」、「小可愛」，而你也喜歡這個稱呼。

7. 即使工作繁忙，但你每天用來護理頭髮的時間依然很長，因為對你來説這是享受生活和放鬆的時刻。

8. 你衣櫥裡的衣服顏色很豐富，並且你也喜歡嘗試不同的風格。

9　你的女性朋友較男性朋友更多一些，閨密常常聚會，每次都是 3 人以上，甚至更多。

10　你喜歡古典文學或古典藝術，無論是東方的還是西方的，也經常被朋友認為是一個很懷舊的人。

以上問題有 7 個或 7 個以上回答「YES」，你就適合留長髮。這裡說到的長髮是指頭髮的長度超過肩膀。

可能會有人問：為什麼？因為留長髮確實是需要一些基礎條件的。

留長髮的基礎條件

- 黑而柔軟的頭髮很適合留長。
- 性格柔順的女孩留長髮，外形更能與性情相匹配。
- 願意精心呵護自己頭髮的人更適合留長髮，而且大多是從小就開始留長髮。

不適合長髮的時代

這個時代需要女性把更多的精力投入到事業中。就算工作不是很繁忙，女性需要投入的精力也相對比較多。

越是在經濟發達的城市，這樣的現象越明顯，而這樣的女性更適合留短髮。

反過來，如果是生活在節奏較慢的城市，女性打理自己的時間和精力較多，那麼適合留長髮的女性便相對更多。

另外，年輕女孩多半留長髮，中老年女性則留短髮較多。

但無論是長髮、中長髮還是短髮，都可以因為你好好的打理，而散發出更多的美麗。

記得在一次聚會上，我認識了一個非常漂亮的女孩，留著一頭長髮。但她的頭髮乾枯、分叉，髮根是塌的，不要說彈性，連基本光澤都沒有。我每次見到她，都有一股衝動，想告訴她：「你的頭髮該護理了。」但出於禮貌，話到嘴邊還是吞了回去。還有的女孩留著很有個性的短髮，可是由於疏於打理，沒能更完美地顯出個性來。

有一次，一個女性好友發來訊息問我，她是不是可以剪短頭髮。在這之前我已經多次勸說她剪短頭髮，但她一直下不了決心，沒有行動。這次她問：「是否有一種髮型平

時打理時既省事，又省時？」我調侃她：「有呀。就是理成一個光頭啦。」

若決心改變髮型，就要拿出一部分時間來打理。

我們常常透過頭髮來判斷一個人的近況。頭髮是乾淨有光澤的，還是乾枯沒有彈性的，都能顯示出人的身體狀況和精神面貌。所以，從現在起，我們是不是也要開始關注自己的頭髮了呢？

燙捲髮還是拉直？

我們除了總是糾結於剪短還是留長，還會糾結於到底是燙成捲髮還是留直髮。

你是不是遇到過這樣的情況：某一段時間明星都熱衷燙髮，所以你衝動之下也去燙髮；在髮型師勸說下燙完發而後悔不已；總覺得自己頭髮太少，應該燙一燙，讓頭髮顯得多一些。

我依然認為，我們應該拋去對時尚潮流的追隨。一個人究竟適合捲髮還是直髮，也是和自己的內在有直接關係的。我們的內在是一個什麼樣的人呢？我們的內在是不是可以透過外在的變化而發生變化呢？

我們來看下面幾個問題，依然用「YES」和「NO」來

回答。也許你可以找到滿意的答案；也許你最終還是沒堅持住，想要追隨一下時尚的腳步，而做了相反的選擇。這些都不重要，重要的是我們又一次學會發現自己，關注內在的那個自己，這個過程本身就很好。

━━（ 直髮、捲髮判斷小測驗 ）━━

1. 你是消瘦的身材嗎？總有人說你怎麼最近又瘦了？

2. 你總是在嚷著要減肥嗎？

3. 這幾個形容詞有 3 個以上適合你嗎：強勢的、勇敢的、豪爽的、任性的、直率的？（有 3 個以上符合為「YES」，低於 3 個為「NO」。下同。）

4. 這幾個形容詞有 3 個以上適合你嗎：豐滿的、性感的、溫和的、浪漫的、寬厚的？

5. 你的服裝幾乎都是這一類型嗎：飄逸的、華麗的、正統的、民族風的、時髦的？

6. 你總被最好的朋友罵太冷血，看到令人感動的電影情節也依然不動聲色嗎？

7. 你的母親是一位愛美的女性，在你小時候教了你很多變美的經驗？

8 你是多愁善感的人嗎，曾為流浪的小貓或小狗難過甚至哭泣？

9 你大多數時候走路總是很慢，遇到紅綠燈過馬路也很小心？

10 你總是衝動消費，家裡的化妝品和衣服有很多都從來沒用過、沒穿過？

11 你的購物大多數時候是理性的嗎，往往一件衣服幾年後穿出來大家依然覺得很特別？

12 你的服裝幾乎都是這一類型嗎：硬朗的、低調的、舒適的、簡約的、個性的？

13 你經常熱衷於追隨時尚潮流，流行什麼髮型就會去嘗試什麼髮型嗎？

14 你說話的聲音接近童聲，是柔和而甜美的嗎？

（答案）

低於 5 個「NO」的，你最適合留直髮。

高於 7 個「YES」的，你非常適合將頭髮燙捲。無論是燙髮還是做一次性的捲燙，無論是大捲還是小捲或是髮尾有一點弧度，都適合你。

如何影響到你的外形特點，你的喜好如何顯示出你的內心需求。當然前面說過，如果你忍不住誘惑，嘗試了不適合自己的造型，那又有什麼關係呢？我們總是要在不斷嘗試的失敗中站起來，直至我們找到讓自己最舒服的樣子。

最重要的是，無論什麼髮型我們都能將它打理得很好，並帶著自信走出去，這才是我們要做的。即便是那些藝人，也是慢慢修煉出獨有氣質的。等到他們自成一派時，我們已經不再去計較他們的髮型是否追隨了潮流。相反地，他們已經站在了潮流的最前端，引導著潮流。要知道，正是因為有足夠的自信可以駕馭自己的選擇，人才會由內而外散發魅力，相信你也可以做到。

應急髮型小妙招

　　有時，我們可能會碰到一些突發情況。例如，臨時要出席一個活動，例如，週末想發懶一下，不想打理自己，但又有推不掉的約會。這種時候，我們可以用簡單的方法來處理一下我們有些「忙亂」的頭髮。

氣質高馬尾

我們可以綁一個高馬尾，年輕女孩可以綁高一點。高馬尾在髮型設計裡面，是一個既顯年輕又不會太過隨意的髮型。不管你去哪裡，這個髮型都很適合。綁高馬尾需要把頭髮梳得很俐落，這樣人看上去又年輕又有活力，而且有真實感，讓人感覺很親切。

綁高馬尾最重要的是馬尾不要掉下來。如何保證高馬尾不會掉下來？

首先取頂區的頭髮梳馬尾，用橡皮筋固定好；接著用梳子將馬尾辮稍微刮蓬鬆；然後把剩下的頭髮收上去再綁，從馬尾辮中取一小束頭髮纏繞橡皮筋，遮掩橡皮筋，這樣綁就不會掉下來。

頭髮越多，越容易綁不緊，很容易掉下來，用上面這個方法，就可以解決掉下來的問題。

你的秀髮

慵懶髮辮

在沒有 時間打理的情況下，頭髮可以編成一個辮子。

我們可以把長髮編出一個慵懶的小辮子，還可以編偏一點，看似隨意，增加些許情趣。一些非正式的約會場合，可以用這種方法來應急。

除了編小辮子，也可用編好的三股辮，透過電夾板加熱的方式，打造隨意自然的捲髮造型。

百搭二合一

綁馬尾前，可先挑出幾縷頭髮編成三股辮，再梳成馬尾，編髮加馬尾的結合讓你更加靈動特別。

氣場油頭

如果是短髮，在場合需要的情況下，可以直接用凝膠定型，把頭髮整體向後梳光；可以偏分。

我講一個自己的例子。

我第一次梳油頭是在法國參加一個活動。早上一起床，發現大家都在樓下等我，時間來不及了，我一看自己的頭髮，心想完蛋了，也沒時間處理造型了。於是靈機一動，抓起手邊的凝膠膏順著頭髮往後梳。

這個凝膠膏其實是給模特兒準備的，沒想到自己倒用上了。

等我下樓見到大家，大家都說我這個造型簡直太棒了。

從那以後，這成了我在很多場合經常選擇的一個造型，就是向後背過去，有點像男生的油頭。他們就說非常好看，岳老師，你好帥。

這個油頭最大的優點就是快，適合時間不夠時。

你的秀髮

吹風滾梳加清水

如果睡覺後頭髮太過蓬鬆凌亂，可以先使用噴霧或清水弄濕頭髮，將頭髮梳順，然後吹乾，會清爽許多。需要飽滿處理的地方也可借用空心捲上捲。

針對瀏海問題，有一個應急的辦法。很多人早晨起床，瀏海是塌的，弄一個空心捲，再弄點清水，然後稍微吹一吹，就可以出門了。

有一次，我助理跟我出差，她頭髮容易出油，又留著空氣瀏海，於是她中午吃飯時把空心捲夾上去，下午又把它取下來。我說她小心機還挺多的，她說，沒辦法，她頭髮容易出油，空氣瀏海出油後就會塌下來，不飽滿了，她又不能讓我丟人。我覺得這空心捲不失為好辦法，放在包裡不占地方，有需要就可以隨時拿出來用。

半丸子頭

這個髮型可以增加頭頂蓬鬆度，是老少皆宜的出門萬能髮型，也是減齡變時髦的小祕訣。髮際線高的人不妨多留一些額前的碎髮；瀏海經常出油的話，可以揪起一束往後面、側面銜接。半丸子頭適合頭髮稍微短一點的頭髮，頭髮太長綁出來的效果不如短一點的好。

懶人救星

懶人總是沒時間洗頭，但還想透過耳側的頭髮來修飾臉形，那你就得先用乾洗髮產品，先將頭髮頂區和兩側的頭髮打造出蓬鬆感，也可以用蓬鬆粉。

所以，常備免洗產品可以讓你快速地擺脫頭髮油油的、髒髒的困擾。我常用 SHISEIDO 資生堂的這款蓬蓬粉霧擺脫油膩頭髮。

油膩、脫髮救星，使用前搖勻再噴，可以去油。

拯救乾枯毛糙

用免洗護髮素修復受損秀髮，選用含修復功效的精油也不錯；最後用髮蠟將髮尾定型，增加頭髮光澤度。

毛燥頭髮救星，取少量均勻塗抹在頭髮上，再用吹風機將頭髮吹順。

你的秀髮

用髮型拯救臉形

我剪了一個非常俏皮的短髮,應該是我多年來最大膽的一次嘗試。有人在我的動態留言:很喜歡這樣的短髮,只是自己的臉形有點不適合。我的新髮型有一個非常短而且參差不齊的瀏海,可以露出額頭,再加上不規則的線條,顯得人非常有個性。

一個好看的髮型,對臉形的修飾非常重要。不僅如此,好看的髮型還會影響整個頭部與身材的比例,因此一個適合的髮型是非常重要的。

　　總是有人問我是否該把額頭露出來，也有人總是想剪個瀏海，卻始終沒有勇氣。

　　露出額頭會讓我們在人群中非常引人注目，很有存在感，但我們是不是需要這種存在感就另當別論了。如果有一些場合，需要顯示出幹練的氣質，那麼露出額頭，就會明你達到預期的目的。

　　但是有時我們不需要這種氣勢，需要塑造溫和或可愛的形象，那麼瀏海就可以幫助我們。

　　還有的朋友，五官長得很精緻諧調，完全不需要用頭髮修飾臉型，那是否留瀏海完全可以根據自己想要的風格來定。

你的秀髮

有的臉型不太適合露出額頭。有的人額頭一旦遮住，臉真的可以立刻小1/4。這種情況，就不要把額頭露出來。

髮色密語

如果想嘗試染髮的話，需要選適合自己的髮色。一個簡單的方法：遵循我們前面說到的選擇粉底色的規律，判斷出適合自己的冷暖色系（詳見 Chapter2）。

有些時候，你會發現周圍忽然流行染髮，而且是非常誇張的顏色，你是會考慮也跟流行一次，還是依然不變？這個時候，我們可以看看自己的真實需求。

因為職業的關係，我有時需要有一定的辨識度。年輕時，我幾乎把所有流行髮色試了一次，每次改變既給了自己很多自信，也取悅了他人的眼球。

髮色和衣服 如果我們的職業需要略微保守一些，那就不要輕易嘗試那些挑戰色，因為你會發現一旦髮色改變，你衣櫥的大部分衣服都要扔掉了 —— 原有的衣服每件都很難搭配頭髮。所以太流行的顏色，不要輕易嘗試。

最好的頭髮就是健康的頭髮，保持頭髮乾淨清爽、順滑有光澤，就非常好。

常有人說，一個人幸福不幸福，看頭髮就知道。愛自己的女性會注重頭髮的保養，而懂得愛自己的女性一定也是很會生活的人。

若需改變頭髮顏色，一定要在專業人士的指導下進行。如果你有早生白髮的困擾，那還是需要染髮的，但染膏選較為自然的顏色為佳。

從事特殊職業的人例如，演藝人士，可以根據自己的風格選擇適合的顏色。

前不久，我為朋友公司的少女組合設計妝髮。13 個女孩中，有一個女孩我認為她適合將頭髮染成淺粉色。原因有二：

一是女孩膚色屬於冷膚色；

　　二是她在群體中的氣場顯得稍微有點弱，也就是我常說的存在感不太夠。

　　所以對她來說，可以大膽嘗試做一次完全不一樣的染髮。

　　美國《VOGUE》的創意總監格蕾絲・柯丁頓女士是我很尊敬的一位女士，一頭棕紅色的秀髮深深吸引了無數人。她在美國時尚界的成就讓人讚嘆不已，而她標誌性的髮色也像她的成熟氣質一樣光彩奪目。

[岳曉琳護髮祕笈]

選擇適合自己的洗髮產品

養護好自己的頭髮，離不開日常的洗護，選擇適合的洗髮用品和護髮素非常重要。一般我們將髮質分為三類：油性髮質、中性髮質、乾性髮質。

油性
髮質

每天都要洗髮，甚至早晚各一次，一旦不洗，頭髮就塌塌的、油油的。不過有很多品牌的洗髮用品是可以拯救油頭的。

例如，美國暢銷品牌 Paul Mitchell 寶美奇洗髮產品中的 2 號或 3 號洗髮液就是針對油性頭髮的，洗完需要用相應的護髮素。因為油脂實在是清洗得太乾淨了，頭髮甚至會乾澀，但確實可以瞬間解決頭髮油膩的問題，讓頭髮蓬鬆起來。

你的秀髮

一般每天洗一次，也可以兩天洗一次。

**中性
髮質**　這類髮質的人最應該注意的是不要選錯洗髮用品，有些洗髮用品去屑效果很好，同時意味著會讓頭皮更乾。中性髮質者更適合選擇溫和的洗髮產品，如果選擇了不適合的洗髮用品，會造成頭皮乾癢。

**乾性
髮質**　可以 3 天洗一次頭髮，但實際上我們不可能 3 天還不洗髮。所以乾性髮質者可以採用含有天然植物油脂的洗髮用品，並且應該經常給頭髮做髮膜護理，防止頭髮開叉枯黃。

Paul Mitchell 寶美奇洗髮用品有溫和型，也有去油去屑型。

乾性髮質者可常用護髮油。

使用其他護髮產品

這些只是最基礎的洗髮,而打理頭髮時所使用的髮品,也很關鍵。

如果頭髮又粗又硬,我們可以用柔順型髮品來使頭髮柔軟,很多品牌都有順髮液,柔順頭髮的同時,可以在髮絲表面形成保護膜,同時還能鎖住水分。

另外,對於髮蠟,在非特殊需求時,可以選擇有一定亮度的產品,這樣可以增加頭髮的光澤,也更容易打理出紋理。亞光的髮蠟通常適合男士,可以打理出那種酷酷的造型。

我愛用的產品很多人都知道了,甚至網上還有人蹭熱度,用「岳老師推薦」作為頭銜。不管怎樣,我確實是 Paul Mitchell 寶美奇的忠實用戶。

我最愛用的 Paul Mitchell 寶美奇單品是柔亮膠,塑型功能很強大,還有就是凝膠膏,因為用後頭髮的硬度足夠打造各種髮型,同時非常容易清洗,這點非常重要。

你的秀髮

我在日常化妝造型工作時，最愛用的是髮蠟以及強控乾膠。尤其是在髮尾毛糙時，髮蠟可以撫平毛糙，易於造型。而乾膠則可以長效定型，甚至不怕風吹而毀掉造型。

最後，我要對愛護秀髮的朋友說，無論你多麼愛留長髮，真到了頭髮開始變得乾枯，或長髮髮型並不是很適合你時，就是你下定決心改變的時候了。

當然，如果短髮的你真的很想嘗試一次長髮的感覺，也不是不可以，現在有很多辦法可以實現，例如，接髮，或戴模擬度高的假髮。

我最愛用的 Paul Mitchell 寶美奇單品是柔亮膠，塑型功能很強大，還有就是護髮方面，我推薦蜂花護髮素。它的效果很好，一般超市都能買得到，真的是物美價廉，我也給藝人、模特兒們推薦過。硬度足夠打造各種髮型，同時非常容易清洗，這點非常重要。

關於植髮

如果你的頭髮比較少，我比較建議你去植髮。一般情況下，頭髮少的人，通常都是頭頂這一塊少，腦後的髮量其實還是挺多的。這種情況可以考慮植髮。

植髮，其實就是把後面的頭髮種到前面來，甚至髮際線周邊都可以種。我身邊有很多朋友都種了，很多藝人甚至設計師都

做過植髮。這種方法可以算是一勞永逸地解決頭髮少的問題。

廣告上說的用洗髮用品來生髮的情況，我在實際生活中是沒有見過的，所以我認為是不太有用的。

植髮是百分之百有效的，植完之後，頭髮自己會慢慢長出來。植髮一般是從後腦勺頭髮比較密集的地方取出健康的毛囊，然後移植到需要植髮的部位，毛囊活化之後，就可以長出正常的頭髮。

正常情況下，前面的頭髮應該比較細軟，而後面頭髮是相對較硬的。因此植髮後長出來的頭髮有可能會很硬。

其實毛囊還能植到眉毛上去，但是會瘋狂長，要天天修。因為長出來的是頭髮，不是眉毛。眉毛長到一定時候就脫落了，但是頭髮只要不剪就會一直長。我有朋友植的眉毛，就要自己拿剪刀剪。

頭皮可以養護嗎？

現在好多廣告推崇「頭皮養護」，例如，有的廣告說：「你

你的秀髮

洗頭髮了，但你洗頭皮了嗎？」我個人認為，這是一種行銷手段，並不足以為信。洗頭髮就是洗頭皮了，不存在洗頭髮不洗頭皮的問題，所以不要去相信這些，都是「胡扯」。

現在有很多「零矽靈洗髮用品」、「二合一洗髮用品」。雖然我對成分不是很懂，但可以確定的是，如果你的頭髮是油性的，那麼就要用溫和一點的洗髮用品。我前面提到過美國的洗護品牌 Paul Mitchell 寶美奇，之所以推薦，是因為這個品牌我自己就用了十幾年。

我的上海美妝店也用這個品牌給顧客洗頭髮。它的洗髮用品有七、八種，不同的髮質對應不同的洗髮用品。油性髮質、中性髮質、乾性髮質分別有相應的洗髮用品，想要增加養護的有養護型洗髮用品。

Paul Mitchell 寶美奇是一個非常非常專業的品牌，也是美國銷量第一的洗髮品牌。它的產品可以細分到每一類人，專業精神實在太值得我們學習了。

Paul Mitchell 寶美奇洗髮用品有一款茶樹系列的，有人說夏天洗完頭會感覺特別清爽，可是我洗了之後，發現這個系列並不適合我，因為洗完之後我覺得頭髮很乾。我毅然決然地把它送人。

所以，我認為選擇適合自己的洗髮產品要試，自己多試，當然試之前要先看好說明。

我做產品之後發現，所有商場賣的有批號的、正規工廠做出來的東西，基本上沒有有害物質超標的，可以放心選購。非正規管道的產品，它的效果可能很神奇，但也可能某項成分超標，長期使用會對人體有傷害。相關單位對這方面的審核極其嚴格，不能達標的東西拿不到合格證書。

如果你感覺頭皮癢、長痘痘了，不一定是洗髮用品的問題，有可能跟你這段時間的身體狀態有關。或是因為你這段時間戴帽子了，戴髮帶了，都有可能。

如果你戴髮帶或帽子時長期勒到某一個地方，就會形成皮膚的瘙癢和長痘痘。我昨天戴了帽子，今天早上起來，就覺得頭皮特別癢。頭上長期戴著帽子，頭皮憋著不透氣，想想都很難受。

另外，早晨洗完頭髮，頭髮看上去吹乾了，但實際上還是有殘留的水分。一戴上髮帶，因為頭髮沒乾，濕濕的，就容易滋生細菌，引起皮膚的敏感和不適。而皮膚之所以非常敏感，是因為你的抵抗力相對差一點，可能近期的身體狀態不好。

脱髮

脱髮其實和腎有關係，腎臟功能變弱，容易導致脱髮。因此防止脱髮，最重要的是調養好自己的身體。

我姐姐小時候頭髮又多又粗，但現在頭髮只有很少一點，而且看上去軟塌塌的。我經常説她：為什麼不去好好地看一下中醫，調理一下身體，這樣還能拯救一下。雖然她覺得我説得很對，但是覺得麻煩，仍舊放任不管。

我姐姐比較靜，不喜歡活動，在家就是坐著、躺著，總覺沒精神。一個人不活動，氣血流通得慢，那麼全身的器官也就不強健。時間長了，頭髮就會從濃密變得稀疏。我姐姐就是一個活生生的例子。所以，一旦有脱髮的情況就應該找醫生辯證施治。

[畫重點]

選洗髮用品注意啦！

選擇可以信賴的大品牌，或耳熟能詳的牌子。儘量不要選擇沒聽說過的牌子，或是完全聽信廣告。可以看下品牌的所屬公司，如果這個公司沒有做過什麼成功的產品，就基本上可以放棄了。

一定要看清楚產品的說明書。它一定會告訴你它是適合乾性的、中性的，還是油性的髮質，它會幫你做出正確的選擇。選洗髮用品一定不要單純聽信別人說的，你要自己去試。

你的秀髮

秀場上的秀髮

　　我在給藝人做造型時，基本上很少去突破他原有的形象。因為會有藝人經紀人提前告訴我，他不能輕易做改變。基於職業的特殊性，大部分藝人是很少大幅度變換風格的，除非經紀公司對他們的造型提出了全新包裝需求。

　　不過關於髮型，有一件很多年前的事情，讓我感觸很大。

　　她是我的一個學生，比我還大 12 歲。2007 年她第一天上課時，披著到鎖骨的中長髮。我建議她做一個短髮造型，到耳垂下面一點這個位置上，我簡單用髮夾模擬並固定了一下，用手機拍照片給她作參考。然後，她當天就去剪了短髮，剪完之後她一回家，女兒便非常誇張地說：「媽媽你簡直太漂亮了。」然後躺在地板上說：「我被你迷倒了。」她當時真的是高興壞了，然後馬上化妝，約姐妹喝茶。

　　多年以來她一直保持這個髮型，顯然十分適合她。

　　對我們一般人來說，因為髮型變化而帶來的自信效果是立竿見影的，尋找一個最適合自己氣質和風格定位的髮型，也和藝人尋找適合自己的定位風格一樣重要。

　　對藝人來說，髮型要做很大的改變，確實會有阻力，我們

一般都是按照他們原有設定的樣子來做。因為他們的形象是按照相應的需求設計的。記得有一次和演員金晨合作，那是2016年，拍時尚片，我替她化妝。她曾經學過專業芭蕾舞，我們拍攝的方案是讓她分別扮演白天鵝和黑天鵝。她的白天鵝的造型就是那種小清新的風格，丸子頭稍微打毛一點，就像跳芭蕾舞的一個少女。等到拍黑天鵝時，我希望她能顯得更有個性一點，因為她的頭髮很細軟，我想將她的髮型做得有一些稜角，有些線條，包括眼線也化得稍微上挑，與前面的白天鵝形成大的反差。

在設計髮型時候，頭髮長度是到耳朵以上還是耳朵以下，氣質的變化是有區別的。我給她選的黑天鵝短髮造型是在耳朵以上，這樣可以達到個性張揚的效果。我給她戴了個短髮髮套，非常好看，她自己也很喜歡，經紀人也覺得不錯，於是不久後她就把頭髮剪短了。但我看到她動態上有粉絲說這個髮型不適合她。

短髮對髮質、髮量還是有一些要求的，太細軟的頭髮剪短髮日常打理有一些難度，髮量也是多一點更好。但是髮質很硬、髮量很多的人也不適合太短的短髮，因為頭髮會過於蓬鬆，令頭部看起來很大。所以，我會推薦大家在日常想改變造型時候可以先選擇戴假髮套，而不要輕易嘗試剪短頭髮。

對化妝造型師來講，沒有不適合，只有想不想、要不要打

破原來的東西，塑造一個全新的形象。這就是造型最神奇的地方——塑造一個全新的你。

以前，我喜歡玩我的頭髮。我媽經常說，頭髮長在我頭上可真受罪，我就沒停止過虐待它。我說為什麼要停止？我很享受這個過程，我很開心。我以前留長頭髮時，大家都覺得特別可愛，有點像那種乖乖的日本女孩；我留短頭髮之後，他們說這才是岳老師，岳老師就應該是短髮。

造型本質：突破原來的你，發現未知的你。

所以我想和大家分享的是：對於你的內心，你可以尊重它，可以滿足它。為什麼你說不適合，我就不能做呢？想做就做，沒什麼可怕的。

愛美，怎麼都不會錯！

我不相信用心做的事情效果會不好。如果你想改變，沒有什麼事是做不到的。

我們大多數人，

可能長期保持著一種風格，

不太嘗試全新的風格。

這個單元，我主要談一談配飾，

因為它們確實可以瞬間改變造型。

Chapter

07

穿搭高手的
百變靈魂

除了服裝之外，鞋子、包包、首飾、圍巾、帽子、墨鏡等，我都稱為配飾。

　　我自己就有幾頂帽子，每一頂帽子都會讓我的形象產生變化。墨鏡是我最愛買的單品，可以幫我快速地做一些造型變化。

　　下面，我會用多年的實踐經驗來做技法分享。最開始，我要特別説説鞋子。

鞋子如初戀

鞋與女人是可以一見鍾情的，就像戀人。衣服可以寬大，也可以修身，但鞋子要剛剛好，不僅合腳，更要合心。

我相信愛自己的女人必定是愛鞋的，因為她不允許內心的粗糙，也不允許細節上的邋遢，是極致到內心的。眾所周知，女人的腳作為肢體的一部分，意義不只是走路那麼簡單。毫不誇張地說，女人一雙秀足的性感絲毫不亞於臀部和胸部。

愛鞋的女人

看一個女人的品味，要看她的鞋子。

英國的戴安娜王妃和菲律賓前總統馬可仕的夫人伊美黛都是鞋狂，都擁有著數千雙名牌鞋，著實讓人驚嘆。但對大多數普通人來說，好的審美才是關鍵。

《慾望城市》裡的凱莉·布雷蕭曾經在說過，如果讓她在一雙鞋和男人之間做抉擇，她一定會選擇鞋，因為它比戀愛更有吸引力，可見女人與高跟鞋的關係之親密。

為什麼鞋子能產生這麼大的魔力，讓女人耗費這麼多精力在鞋子上呢？

我對鞋子的癡迷起源於童年——硬是把自己的小腳放進小姨的高跟鞋裡，陶醉在高跟鞋接觸地板時發出的響聲，沉浸在這種聲音的魔力中無法自拔。

曾有研究說，喜歡買鞋子的女性往往對情感的需求也非常高。將合腳、時尚、實用、百搭等需求都集於一身的鞋子顯然不多，即使有也可能因為時間久了慢慢淡出你的視線，所以女人與鞋的關係，與情感需求有些類似也是可以理解的。

因為有很大一部分工作是在時尚圈，我不免要準備很多雙鞋子，也需要一些服飾來顯示自己的品味和搭配功力，但是我的消費是較為理性的，我會買較貴的鞋，也一定是判斷它應用場合較多時才出手。

我買貴的鞋的理由是，自己更容易愛惜它。這看起來

有點可笑，但事實證明，我確實會更珍惜每次搭配出來的效果。當然我也有買錯時，有幾雙鞋至今都只能拿出來欣賞。但是這個過程依然會給自己帶來愉悅。

不過，我還是不建議大家做不切實際的購物，一定要多試幾次再決定，不要只為一套衣服而盲目購買。

總有一款鞋適合你

鞋子和衣服一樣，都具備著社交功能，不同場合有其對應的服裝，只用一雙帆布鞋打天下是不合適的。所以理性的主張是，你應該選擇更百搭的基礎款鞋子。我們並不需要全部的鞋款，只要有一些鞋櫃基礎款就可以應付大部分的場合和搭配。

我個人對基礎款的定義是：具備舒適度和實用性。因為基礎款鞋子是我們日常會經常穿著的，所以鞋子的舒適度很重要。所謂「實用性」，是指鞋子要有基礎的保護作用，要保暖，適合整體造型風格等。

下面，我推薦 9 種基礎款式，這些款式能夠和不同類型衣服搭配，兼具舒適度和實用性。這 9 種基本款式分別為：pumps 鞋、牛津鞋、樂福鞋、小白鞋、芭蕾平底鞋、AJ 鞋、尖頭平底鞋、切爾西靴、一字帶涼鞋。

pumps（無帶淺幫女鞋）

這種淺口、細高跟、沒有鞋扣帶的鞋子，叫「pumps」。因為這種簡單的鞋型方便搭配各式服裝，適用於各種場合，所以它從不過時。

在出席正式活動或比較高級的商務活動中，黑色、尖頭不露腳趾、細跟的鞋子是最安全的單品，而且黑色和大部分顏色的衣服都可以搭配，怎麼穿都不會出錯。

形體圓潤的人，適合鞋頭設計略尖一點的鞋子。

黑色尖頭是最基礎、最百搭的 pumps，任何一個場合都能勝任。

這裡我們可以先來做一個對比：正裝搭配 pumps 和小白鞋的感覺是完全不一樣的，pumps 能馬上使嚴肅幹練的正裝變得非常有女人味，小白鞋則會把正裝從嚴肅拉回休閒。

但是，我不太穿黑色尖頭細高跟鞋，因為這種鞋的尺碼會偏小，適合的鞋碼穿進去就會擠腳，而前面不擠的鞋子，又會不貼腳。因此，我一般會選擇鞋尖圓一點的設計。但如果你是體形較瘦、身材較高的人，完全可以選擇這類鞋。

那種厚厚的防水台式高跟鞋可能會拉長身高，但這種拉長身高的方法會讓人上下身的比例失調。我在高跟鞋這件事上向來認為，不要盲目增加高鞋跟的高度，容易產生不真實感。

如果想要既時尚又穩重的感覺，5-8 公分的高度則是最合適的。

很多時候我們在上班時並不需要穿正裝，只需要稍微正式一點就可以。如果你穿 T 恤、牛仔褲、黑色尖頭的 pumps，這樣就能把你的服裝等級從日常級別提升到上班非正式級別，同時，精緻度瞬間暴漲。

除了黑色，裸色的 pumps 也是基礎款，可以搭配淺色的衣服，還可以顯高。注意，選擇裸色 pumps 時，要選擇和自己腳面膚色相近的裸色，和選擇粉底的原理一樣。這樣可以產生視覺上的錯覺，拉長腿部。

pumps（沒有鞋扣帶淺口女鞋）適合多種場合，從不過時。

牛津鞋

說到矮幫皮鞋，第一時間想到的應該是牛津鞋和樂福鞋吧。

當年牛津大學學生選擇這種低幫、方便穿脫的小皮鞋，代替以前的長筒校靴，牛津鞋因此而得名。其款式的區別主要集中在鞋頭上，常見的鞋頭有 plaintoe、captoe、wingtip。

這些小皮鞋的鞋面上常有小孔，這些孔最初是為了經過小溪、沙地時，方便泥沙從小孔裡出來，不堆積在鞋子裡。但是現在，這些鞋面上的小孔主要是裝飾作用。

基礎款鞋子的話，還是建議選擇沒有小孔或有少量小孔裝飾的簡潔款式。

牛津鞋上的小孔具有
裝飾性。

　　　　　　　　穿搭高手的百變靈魂

牛津鞋、德比鞋　這兩種鞋的主要區別在於兩種鞋的襟片設計不一樣。德比鞋的襟片是開放式的,鞋舌和鞋面為一張皮;而牛津鞋的襟片是閉合的。

這兩種鞋在外表上沒什麼太大的區別,只是襟片開放的程度不一樣。如果你喜歡牛津鞋的樣式,但是腳胖沒辦法穿,便可以試試德比鞋。

我個人很喜歡有牛津鞋設計感的鞋子,牛津鞋風格穩重經典,同時還非常百搭。Prada 的厚底鞋就有這種設計,已然是這個品牌平底鞋中的經典款式。黑色很百搭,我還有一雙銀色的和一雙黃色的,它們可以搭配多數的裙裝和褲裝,甚至跟休閒運動款衣服搭配都沒有問題。這種鞋經久耐看,c / p 值非常高。

樂福鞋

樂福鞋也叫懶漢鞋,是一種淺口、沒有綁帶的一腳蹬便鞋。

樂福鞋適合大多數休閒場合或半商務的場合。這種鞋子輕便舒適,但缺點就是鞋面比較窄,如果鞋面太寬,會給人一種不夠精緻、太過隨意的感覺。

這種鞋子的優點是,會拉近與別人的距離。可以選擇一些亮麗的顏色,還可以帶一些漆皮效果,可以彰顯品味。

牛津鞋和樂福鞋搭襪子,加上基礎款服飾,能增加整體造型別致感,會帶來些許的復古學院感。

現在的樂福鞋流行無後跟的設計,很像拖鞋,我個人認為在一些較為休閒或私人聚會的場合可以穿,但正式場合就略顯有失穩重。

樂福鞋會拉進與人的距離。

穿搭高手的百變靈魂

小白鞋

小白鞋就是白色的休閒鞋，不管材質是布的、皮的還是麻的，只要是白色便鞋都可以成為穿搭利器。

我認為任何年紀的人都可以有幾雙小白鞋，不管什麼風格的服飾，只要搭上小白鞋就會立刻顯得年輕充滿活力。

當然保持鞋面的清爽乾淨非常重要，而且一定要露出腳踝才好看。冬季搭配長款羽絨服時，可以穿厚針織襪來呼應棉服的厚重感。

小白鞋搭配長裙也是非常不錯的選擇，給人一種女性的俐落美。穿大衣時搭配一雙小白鞋，可以帶來活力，具有減齡的效果。

小白鞋是穿搭的利器。

小白鞋和非休閒風格衣服混搭的主要功能就是 dress down，給整個搭配增加一種輕鬆休閒感，表現出很好的混搭效果。

芭蕾平底鞋

芭蕾平底鞋源自跳古典芭蕾時穿的室內便鞋。

這款鞋的特徵是不分左右腳。最早的芭蕾平底鞋，是以個人雙腳的輪廓為模子進行設計的。芭蕾平底鞋是很多明星的優選鞋款，例如：奧黛麗·赫本。

芭蕾平底鞋的樣式區別主要集中在鞋頭，常見的是小蝴蝶結裝飾。芭蕾鞋是屬於快時尚類型鞋款，對身高和體形有一定要求，適合嬌小玲瓏或纖瘦型人，體形較肥碩的不太適合。

這是非常淑女的一款鞋，因為形體的問題，我個人是不能穿的，但很喜歡，很欣賞。

芭蕾平底鞋穿起來讓
整體感覺很淑女。

AJ 鞋 / 老爹鞋

AJ 鞋是很多少男少女的最愛。很多男生女生一買就一櫃子、一牆的 AJ 鞋。AJ 鞋可以說是潮流的代表，很潮，很減齡。

復古運動鞋，俗稱「老爹鞋」，近年來特別流行，最明顯的就是特別具有增高的效果，也很好混搭各類服飾，是潮搭利器。

AJ 鞋特別能顯現
出潮流感。

尖頭平底鞋

尖頭平底鞋可以看作 pumps 的「零公分版」，它在精緻度和風格上和 pumps 一樣。如果你不想一直穿著腳累、心也累的高跟鞋，又想有 pumps 的精緻度，可以試試尖頭平底鞋。

尖頭平底鞋能給造型帶來女人味，並且能提高精緻度，更有姐姐氣質。

尖頭平底鞋適合體型較瘦的高個子女生。

尖頭平底鞋顯現出精緻感。

切爾西靴

在靴子中，量感輕的高跟踝靴和量感重的馬丁靴都是常見款，而切爾西靴的量感介於兩者之間，也就是說，切爾西靴在服裝搭配中是包容性更強的一種。

切爾西靴搭配大衣、裙裝、緊腿褲都是非常不錯的選擇，會顯得人帥氣、幹練又經典，我個人就非常喜歡。如果你喜歡穿裙子，但又不想氣質太過女性化，那麼一雙切爾西靴就是非常好的選擇。

切爾西靴適合搭配裙子。

一字帶涼鞋

　一字帶涼鞋是指踝部和腳面各有一條細帶的細跟涼鞋，也被稱作「鞋子裡的小黑裙」，是可以出席大型活動或日常逛街的經典鞋款。

　在參加頒獎典禮、走時尚紅毯時，女明星經常會選擇一字帶涼鞋。

　蕾哈娜就是一字帶涼鞋的忠實粉絲。

　我曾一次買過兩雙一字帶涼鞋：一雙黑色絲絨的，搭配正式的小黑裙；一雙黑色小羊皮的，可以搭配所有的服飾，包括牛仔褲、運動褲，都沒有問題。

　連衣裙很有女人味，而且上身後飄逸、輕盈，這時選擇同樣輕盈的一字帶涼鞋是很不錯的選擇。因為一字帶涼鞋能最大限度地露出你的腳面，尤其是裸色的一字帶涼鞋，穿上就像光著腳一樣，更顯得腿長。

　白襯衫加牛仔褲搭配尖頭 pumps 也很好看，顯得人很纖細、幹練。但換成一字帶涼鞋，量感會減輕，在保持纖細的情況下，還減弱了尖頭高跟的攻擊性，會顯得人更溫柔。

一字帶涼鞋經典高貴。

　　　　　　　　　穿搭高手的百變靈魂

背包如佩劍

顏色搭配

只學會選購一款合適的包包遠遠不夠，你還要注意包包與衣服的搭配，常用的搭配方法有三種：

1. 同色系搭配

這是最安全的一種搭配方法，不會犯太大的錯。不過素色的衣服我不建議用同色系包包搭配，那樣會讓你顯得單調而蒼白。

2. 異色搭配

如果你的衣服是素色的，則可以選擇一款亮色包包來搭配。如果你衣服的顏色已經夠多了，則不妨選擇一款素色包包來形成對比，發揮畫龍點睛的作用。

枕頭包

3.撞色搭配

這個方法比較冒險，但若運用得恰當，則會讓你非常出色。

另外，關於包包還有幾點建議：

1.不要太過保守

如果你想嘗試一個大膽前衛的流行款，那不妨從 c / p 值高的包包入手。

單肩斜背包

托特包

2.不要把包塞得太滿

如果你隨身攜帶的東西比較大，那就選一款足夠大的包包，切忌把包包塞得太滿。

3.加點自己的設計

可以在包包上系一條絲巾，讓包包有著獨一無二的標誌。

穿搭高手的百變靈魂

鯰魚包

背包大小的選擇

一般來說，我喜歡大小適中、設計感足、品質好一些的經典款。黑色是首選，可以搭配很多服飾。

我個人會喜歡有一些鑲嵌，例如：鉚釘、珠片等，但整體不太複雜的設計，可以搭配我大多數服裝，有一點中性味道。

包的大小依自己的體型來選擇，過小的包會顯得人形體健碩，過大的包又會沉悶，顯得累贅。那些可以單肩斜背又可以手拿包是最為實用的。包包也要注意保養，始終保持乾淨，這也是服裝禮儀的一部分。

有時一款精緻的手拿包即使不是名牌，也會給人留下非常好的印象。

與精緻包包搭配的，還要有淡雅的香水和修剪整齊的指甲，這是細節。香水的味道和指甲的顏色常常會「訴說」出你的品味。

切忌拿大款包包赴約　無論是商務場合還是私下約會，從大包裡翻找東西的行為都是不雅的。為自己選一兩個晚宴包，大小能放進名片和手機就可以，參加宴會或派對時，帶上它會給整個造型加分，即使你只穿了一身簡單款的小黑裙。

包裡的東西要儘量精減　這樣會給別人留下難忘的印象。當然對自己來說也是一個很好的暗示：一切都是有準備的狀態，可以讓自己無論何時何地都不慌不忙。

背包的顏色

如果你想讓你全身的造型重點在你的手拿包上，就需要讓你的手拿包跟你的服裝有大的反差。

無論是色彩，還是造型，如果你的整體造型中已經出現有反差的地方了，就不要再用包包去爭豔了，整體造型中最好只有一種反差。

在宴會場合，一般我會建議用手拿包。走紅毯會有一個簽到環節，這時一定要拿手拿包，不要拿大包，所以手拿包就是一個裝飾品。手拿包不能大，大了就不叫手拿包了。

在儀式感特別強的場合，我們完全可以給自己的造型加一些這樣的小亮點。

不過，在我的日常生活中，我喜歡沒有太多設計項目的包包。平時的話，我比較喜歡雙肩背包：一個皮的，表現質感；一個普通的，什麼都可以往裡面放，輕鬆便捷。

注意背包的小細節設計

1 如果你有帶金屬鍊的包包，金屬鍊會增加華麗感，就相當於一個首飾了，所以，要注意和首飾的搭配，避免累贅感。

2 有些手拿包的設計是可以把手指放進去，感覺像戴了一排戒指一樣，走到哪裡都會吸引人的目光，成為焦點，但這種包包只適合隆重的場合，平時是不適合的。

金屬鍊條包

手提包

點睛之筆：首飾

首飾，一直是女性朋友比較重要的一類穿搭物品，很普通的一套裝扮常會因為首飾的選擇而發生很大變化。

首飾可以作為身分的象徵。要選擇適合自己的首飾才能襯托出自己的氣質，這兩者融合在一起才能達到最佳的視覺效果，增添個人的魅力。

首飾的選擇要考慮整體的效果，注意恰到好處，切記不可畫蛇添足。例如，一位妙齡少女，她戴著髮帶、項鍊、胸花、耳環、手鐲、戒指，繫著精美的腰帶，挎著豔麗的皮包，這麼多美麗的飾品聚集在一起，效果是很糟糕的。

我主張簡潔的搭配。如果去掉其他裝飾，只留下一條精美的項鍊，或一對設計感十足的耳環，我相信都是可以令人過目難忘的。

強調主要部位，這樣才能達到最佳的視覺效果。

穿搭高手的百變靈魂

我們要根據場合搭配首飾。不同的場合對首飾的材質、款式、形式要求不同，因此應採取不同的佩戴方式。

1

耳環

戴眼鏡的職業婦女可佩戴小耳環或小耳墜。如果想讓別人對你的臉頰更為注意，可以選擇造型特別的耳環，在搖曳之中，會讓所有人去追尋你的存在。

2

頭飾

個子矮小的朋友，可以選擇項鍊或頭飾，這樣很容易讓別人把視線集中在我們的上半身，從而忽略身高問題。不要把亮點放在腳上，腳上鞋變亮，讓別人看到腳，就是一個「自曝其短」的行為。個子高的朋友，可以根據自己的形體決定自己的選擇。

3

戒指

如果我們的手漂亮，那麼就讓我們的戒指特別一些。

穿搭高手的百變靈魂

4 手鍊

在商務場合中，小巧精緻的款式是首選，例如：K金、鉑金、珍珠等材質。參加晚宴或大型時尚活動，可以選擇略微張揚的手鍊。

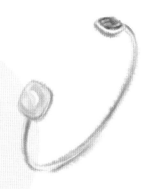

5 手鐲

套裝首飾可以自由搭配。在條件允許的情況下，最好買套裝首飾，以便日後可以選擇不同的服裝來自由搭配。

6

項鍊

職業婦女佩戴項鍊可以選擇比較簡潔大方的小吊墜。這樣可以把女性柔美秀氣的一面展現出來。

如果我們的腰部線條漂亮，那麼就可以選擇顏色和設計都足夠亮眼的腰帶。

在多年的工作中，我發現華人對首飾的偏好跟歐美人還是有很大區別的。歐美人喜歡稍微大型一點的首飾；華人、日本人、韓國人會喜歡稍微柔美一些的首飾。但是，現在我們華人大膽和開放得多，會更願意駕馭、嘗試那些誇張的首飾。

我以前是不打耳洞的，是這兩三年才打的耳洞。我姐說你不打耳洞，就少了一個樂趣，身為造型師，你難道不覺得很遺憾嗎？我覺得好像有點道理，於是就跟著我姐跑去

穿搭高手的百變靈魂

打了耳洞，結果打完之後，我買耳環就停不下來了。

自從打了耳洞之後，我在買耳環的路上找到了莫名的快樂，雖然我不停地掉耳環。

雖然很多人說那些比較誇張的耳環好看，但是我不會戴很久，因為真的很重，耳朵吃不消，拉扯得難受。我還是偏愛小巧一些的耳環。

耳環形狀與髮型

簡單幾何形的耳環比較適合有個性和短髮造型人。
留長髮或捲髮的人，可以嘗試戴一些纖細的、垂垂的耳墜，讓它隱藏在頭髮絲裡面，若隱若現的。

我們常常在電視上看女明星戴誇張的耳環，其實她們都是不得已的。女明星參加節目時，都是造型師給她們搭配首飾。不管是參加活動，還是日常通告，都有專人負責搭配衣服。

造型師搭配時通常手握各種品牌提供的衣服，為了讓自己的藝人與眾不同，通常會選擇寬大的耳環。這種大耳環放在日常生活和工作中，並不是太合適。

❶ 佩戴首飾要符合自己的身分和個性，要與自己的性別、年齡、職業相符。

❷ 高級飾品多適用於隆重的社交場合，不宜在工作、休閒時佩戴。對職業婦女來說，最好能佩戴適合自己職業和品味的個性化首飾，這樣才能顯出你與眾不同的氣質。

❸ 佩戴首飾要注意協調，數量上以少為佳，不超過三種。除耳環外，同類首飾的佩戴不宜超過一件。這種少而精的佩帶方式，顯得更優雅精緻。

❹ 色彩和材質上要力求同色、同質，若同時佩戴兩件或三件首飾，應使其色彩一致，或風格接近。

　　　　　　　　穿搭高手的百變靈魂

配飾是點綴

帽子、圍巾、墨鏡這三種配飾，常常可以讓整體造型在最短時間內加分。不過，在款式的選擇上，我們最好還是選擇經典款。

（帽子）

帽子的由來和衣服是一樣的，最開始是為了保暖，後來才逐漸有了裝飾的功能。

帽子是我擁有最多的搭配品，有時是為了拗一個造型，有時是因為帽子更適合我的臉型。

個子嬌小的女生非常適合戴帽子，會讓他人的視線集中在頂部，無形中就能拉高個頭。

紳士帽

我認為，最能在時尚造型中發揮突出效果的，莫過於紳士帽。

我們經常在老電影裡看到一位風度翩翩的紳士戴著一頂由軟毛氈做的紳士帽，這種帽子就叫作 fedora（三凹長簷紳士帽）。

最初的 fedora 是由女帽演變而來，到了 1970 年代，只有老頭還在戴它。麥可·傑克森（Michael Jackson）拯救了它，讓它成了一種拗造型時尚配飾，無論男女都適合。

看到戴紳士帽的人，我們總是容易聯想到時尚界人士。紳士帽的質地通常是上乘的兔毛或精良的草編，適合四季佩戴，尤其適合長髮人士。齊耳短髮也可以。

鴨舌帽

毫無疑問，鴨舌帽是傳統英國紳士的經典首選，大多數都以花呢材質為主。

鴨舌帽的特點在於可以歪著戴，讓人看上去略顯俏皮，有股濃濃的雅痞風。鴨舌帽也屬於時尚單品，男女皆適合。

戴鴨舌帽的前提是不要搭配隆重的西裝。那些休閒風的襯衫、馬甲、牛仔褲更適合搭配鴨舌帽。

　　　　　　　　穿搭高手的百變靈魂

棒球帽

相信大家都喜歡戴棒球帽，真正的棒球帽的帽簷是有一定弧度的。一般而言，只要你選對了帽子的大小，棒球帽是適合所有臉型。

Hiphop 風格的平帽簷帽子則無法適合所有人。瘦長臉的或是方臉的朋友戴平帽簷帽子都不會太好看，但是那些臉小且圓的則比較適合。

如果一定要讓這種帽子顯得很「友好」，什麼人都不挑，那麼就請反過來戴它。

鐘形帽

1920 年代，鐘形帽非常流行，現在可能很少有人戴了，除非拍攝復古片。

我認為，時至今日，鐘形帽依然是女性帽飾中的經典。這款帽子的最佳搭配是波波頭，鐘形帽戴在波波頭上，可以說是盡顯優雅。

除了上面說的幾種，漁夫帽和貝雷帽也受到年輕人的喜歡。漁夫帽也叫「盆帽」，十分受潮人青睞，顯得臉小，男女都適合，是造型利器，這兩年很流行，是很多明星的常備單品。貝雷帽戴起來很帥氣，男女皆宜，最早可追溯至 15 世紀。現在貝雷帽的常見材質有皮質、毛呢、針織等，材質不同，形狀和軟硬就不同。

（絲巾）

　　這些年，絲巾成功回歸到我們的日常生活，又成為年輕女孩愛不釋手的物品之一。

　　我記得，以前絲巾這種東西都是阿姨們和空姐的裝飾品，年輕女孩常常把絲巾綁在頭上，很少願意戴在脖子上。

　　絲巾一直都是提升氣質的裝飾，而新的創意給絲巾又注入了新的活力，打破了之前保守正統的形象。

　　　　　　　　穿搭高手的百變靈魂

如果衣服顏色過於沉悶，尤其在北方的冬季，可以選擇一款亮色的圍巾，能很好地提升服飾整體效果。有時，一款小小的方巾系在脖子上，會立刻有點小復古小清新的感覺，顯出乖巧的模樣。

將絲巾系在你包包的手柄上，一方面可以保護皮質手柄不被手汗浸透，另一方面也能發揮很強的裝飾作用。這時候，有復古花紋的絲巾尤其適合。

（墨鏡）

當我們疏於打扮，尤其是在沒有更多時間化妝時，一副墨鏡加上紅唇能立刻讓你存在感十足。所以墨鏡也是不得不提的一種時尚單品。

如今，墨鏡不僅發揮防曬護眼的作用，一款有流行感的墨鏡還能讓造型顯得格外時尚。

橢圓形的鏡框：很有親切感，一般帶有奢華裝飾的橢圓形墨鏡是有貴氣感的，雖然我沒有這樣的墨鏡，但是那些留著長捲髮的女人佩戴時真的很美。

矩形框板材黑框眼鏡：一定程度上能發揮減小臉形的作用，配上齊肩的短髮或許會讓你看上去很男孩子氣，但也能瞬間提升氣場。純黑的鏡片更添神祕感，這種眼鏡往往被稱為「黑超」。

半透明的墨鏡：看上去很特別，能加深眼窩的深邃感。帥氣的半透明式的廓形墨鏡，搭上一件針織開衫也是正選。尤其是近兩年復古風大行其道，1970 年代的大框眼鏡絕對是時尚人士拗造型首選。

雷朋飛行員墨鏡：一直是墨鏡中的經典，無論男女戴上都會顯得非常帥氣。這幾年流行的彩色鏡面鏡片，在實現時髦效果的同時又因為不同顏色而衍生出不同風格。

　　　　穿搭高手的百變靈魂

美麗私語

配飾的選擇，我主張寧缺毋濫：首先，不需要很多，但品質要好；其次，款式可以選擇較為經典的，無論時尚潮流怎麼變，都不會短時間就過時。

當然，帽子及墨鏡並不適合室內佩戴，尤其是在非常正式的場合，會讓人覺得不禮貌。

在我看來，如今潮流變化特別快，混搭的風格越來越多，越來越多元化。人們越來越喜歡特立獨行，所以某一種風格也不一定能獨占哪季潮流，更多人喜歡更為個性化的造型。

不過無論是哪種風格，有品質、有細節都是我們選擇飾品不變的核心原則。

最重要的是，要遵從自己內心的選擇，不要盲從。不管我在這裡寫下了什麼樣的選擇建議，你都可以完全按自己的內心去選擇。

四季必備單品

（大衣）

　　你必須要有一件款式經典、線條簡潔的毛呢大衣，不論是什麼顏色，你的衣櫃裡必須有一件。這件衣服不管多少年都不會過時，它基本上沒有裝飾，且簡單大方。

　　羊絨大衣也是我們的冬季必備單品。

　　過去很多人喜歡穿合體的，但是它對身材要求特別高。

　　現在比較流行那種「oversize」的大款，然後再系上一個腰帶，會顯得腰很細，顯得人很小，很柔弱。

　　　　　　　　　　穿搭高手的百變靈魂

羊絨大衣　一定要選品質好的，要選貴的，因為它可以穿很多年，而且不會變形。貴的羊絨大衣都是純手工做的，每一條線都是手工縫的。

款式方面　我們應該挑選「繭形」的，這種款型不挑身材，比較有擴張感，大大的，好看。

白襯衫

一年四季，白襯衫是我們的必備單品。你經常會用得上它，能hold住各種場合。白襯衫的材質以棉或棉加絲為主，我們在選購時，可以看成分表，90％的棉或95％的棉，有一點點的絲，或有一點點的聚酯纖維，都可以。

白襯衫商務款可以配西褲，寬大袖子的復古款可以配高腰黑色半身裏裙，很經典。

純絲的不建議買，因為特別容易變黃。棉加絲，或棉加聚酯纖維的都可以，會比較挺，很好燙，而且不貴。

要想帥氣幹練，可以嘗試尖領。基本款的襯衫是尖領、一排扣、一個兜。不過，還是要根據臉型來決定。

襯衫搭配

1 臉偏長的不適合尖領，臉特別圓的也不適合尖領。圓臉適合稍微帶點弧線的領子。

2 帶蕾絲邊的領子不適合職場，適合有點半正式酒會的場合，例如，生日宴會。

3 想要顯得中性，幹練、專業一點，或者時尚感強一點，經典型就是方領純棉白襯衫。

我有一件白襯衫，買了兩年多了，每次穿都有人問我：「老師，你這件襯衫是在哪兒買的？」就是因為它經典。

所以你必須有一件白襯衫。我有好幾件白襯衫，不同的領子，穿法不一樣。白襯衫有很多種搭法。略大一點的可以隨意放下，顯得腰細；小一點的可以綁在褲子裡；長一

點的可以中間綁個腰帶。

奧黛麗‧赫本特別喜歡白襯衫。她身材比較瘦小，所以她喜歡穿大一點的衣服。這就是 oversize 的一個典型例子。赫本喜歡白襯衫搭黑色禮服——下半身穿裙子。半身裙可以是有禮服感的、黑的真絲裙，這是一個經典搭配，是服裝搭配史上的經典。

直到今天，這依然是一種潮流，很多人還在模仿她。鞏俐在電影節上也這麼穿過，而我們拍片也會經常用到這種搭配。

夾克衫

你應該有一件夾克衫。例如，我，有一件機車皮夾克，無論在什麼場合都能穿，很帥氣。可以是純色，也可以是拼接色。

夾克衫可搭配的很多，可以搭配紗裙，也可以搭配短褲、皮褲，很百搭。

小黑裙也是必備單品，每一個女孩都必須擁有。我有無數條小黑裙，因為真的很實用。

小黑裙有布料挺直一點的，還有柔軟貼身一點的，可以根據自己體形來決定。

如果身材夠好，可以選擇包身一點的。

如果覺得腰身有點肉，可以選擇在胸線以下有一個 A 形的擺，這樣的話，腰腹的肉就都遮在下面了。

如果風衣搭配裙子的話，可以風衣長過裙子，也可以長裙長過風衣，但是不能裙子特別長，風衣特別短。裙子不能長過風衣超過 20 公分。

（風衣）

　　風衣我不建議大家一定要買經典款。

　　風衣經典款其實就是 Burberry 的經典風衣，但那件經典風衣我穿著就不好看，因為它是來自歐洲的設計，不太適合我。

　　黑色風衣比較百搭，駝色的也可以。日本的女人比較喜歡穿駝色的風衣，顯得很職場風。現在，華人女性個性化的配件更多一些了，很少有雷同，多少都能穿出屬於自己的個性。

　　風衣是百搭的，襯衫、高領衫、裙子都可以和它搭，還可以搭小絲巾。

時尚故事 那些讓人驚嘆的搭配

　　我忍不住想講一個反面例子。之前曾看過一個化妝造型師的搭配，那個人的網路影片被很多人諷刺搭配難看，我也認為如此。

　　她在影片裡一邊講著課，一邊給模特兒化妝，自己戴了一個特別誇張的耳環，穿了一件毛茸茸的皮草背心。這一身搭配看上去不好看，也不時尚，大家難免直言批評。

　　皮草有時候穿不好，就會顯得有點招搖。身為一個教造型老師，這樣搭配確實是不得體的。尤其在課堂上，更不合適。

　　很多人都可能會犯這樣的搭配錯誤：即使外貌十分出色，每一個單品都是現下最流行的，但是放在一起就是不對。髮型是最流行的，耳環也是最流行的，身上的貂毛皮草也是最流行的，每一個拿出來都很時尚，但是搭在一起就完全不好看。所以，這位造型師就是對搭配沒有自己的見解，是典型現在流行什麼，就把它們全部放在身上。

　　那麼反過來，皮草應該怎麼搭配呢？例如，穿皮草、搭配連帽衫和牛仔褲，穿一雙平底小白鞋，這樣就不會被認為像個暴發戶，不會讓人覺得太過於華麗的。

身為造型老師，在傳播美時首先要定位好自己的風格，其次在不同場合應該注意自己的服裝搭配是否合適。一般在課堂上、在拍攝現場、在後台化妝室等場合，黑白搭配的簡潔款就可以了。太過華麗或太過隆重都不是很適合。

藝術源於生活，也將回歸生活，

我在嘗試探索將時尚化妝造型

藝術中的色彩和流行元素

生活化、簡約化，

並宣導每一位珍愛自己的人

透過化妝來發現更美的自己，

展現自己的生活方式和態度。

Chapter

08

日韓歐美：
妝系的選擇

百變日式妝

我們曾經去過日本 SHISEIDO 資生堂學院學習，發現日本的化妝教學裡面，最重要的就是底妝。

厚底大眼妝

首先日本人的底妝並不像我們想像地那麼薄，他們很注重遮瑕和暗影，基本上，化妝的日本女孩都會打暗影，而且打得很好。

其次，他們很強調眼妝，很強調眼影的層次。

日韓歐美：妝系的選擇

最後就是睫毛。在日式妝容當中，假睫毛的樣式非常豐富。

在日妝裡面，還有很多區分，例如：甜美型可愛妝、伊人風尚的淑女妝、「原宿街頭」的潮流妝。

在日式妝裡面，假睫毛是非常重要的。如果你去日本逛商場，會發現各式各樣的假睫毛。但是日本的淑女妝幾乎不怎麼刷睫毛。

（混搭風）

前不久我們調整課程，有一天請東京服裝大學的老師給我們講服裝搭配，他就講到了日本這些年的所有流行風尚，其中著重講的就是「伊人風尚」，即日常的上班休閒妝。經過學習之後我們發現，多年以來日本的休閒妝是沒有變的。此外，原宿風屬於混搭風，是那種完全獨創的、原創的個人化風格的東西。可以說，原宿日式妝容簡直是亞洲的奔放代表。

卡哇伊

日本動漫特別發達，因此有一部分人會展現出很「卡哇伊」的一面。

東京秋葉原是動漫城，你如果去那裡走一走，會覺得自己置身動漫的世界中。走在街上的人，大多都是卡哇伊的形象，或動漫人物的 cosplay。很多人會把自己 cosplay 成動漫裡面的人物，很逼真，惟妙惟肖。

日式妝相比韓式妝，要更加豐富。韓式妝形式比較單調，但是因為審美和我們比較一致，所以在我們日常生活中可以借鑒學習的要多一些。

日韓歐美：妝系的選擇

通用韓式妝

‒‒‒‒‒‒‒

(柔美)

韓式妝的特點就是力求把人化得很溫柔，妝容會更強調女性的柔美感、嫵媚感。

有一次我們去韓國學習，韓國的老師就多次用到了「溫柔」這個詞，而且我發現他在色彩的選擇上會比較女性化，會比較柔美。所以韓式妝裡的唇妝、眼妝等都有這個特點，一看到它們，就知道這是韓系的風格，包括他們的服裝搭配。

如果仔細觀察，你會發現韓式妝是比較雷同的，大家幾乎都是一個風格，無非是顏色上的一些小變化，這一點和日式妝有很大的區別，日式妝的差異比較大。我們國內的化妝現在受韓式妝的影響比較大。

(乾淨)

韓國明星的妝容是很乾淨的。可能韓國的時尚雜誌會用一些民族的元素，會加入古典的風格。總體而言，韓國

的妝容吸取了國際美學的潮流，還綜合了亞洲人的美學特點。

(通透)

韓式妝對皮膚的光澤度要求非常高，要表現出通透感，化完妝，臉蛋就像「剝了殼的雞蛋」，很滑嫩。很Q彈、很年輕的感覺。

韓國妝容有時是不定妝的，妝底特別薄，而日本底妝其實挺厚的。韓國人喜歡用氣墊粉，很亮，而且打上去不會再用定妝粉去壓，他們會讓臉上保持氣墊粉的亮度。所以，不管是拍照還是上鏡，臉部皮膚看著始終是亮亮的。

在韓國的美容機構裡，皮膚護理是非常重要的項目，他們稱之為「皮膚健康」。普通的美容院裡都有皮膚科，專門解決皮膚的各種細小問題。現在很多人會去韓國做這種「皮膚管理」，主要是做膚質的改善，從毛孔到痘痘，他們有一整套非常完整的治療方案。

　　　　　　　日韓歐美：妝系的選擇

韓國娛樂界的「造星」活動做得好，所以潮流文化對華人乃至亞洲的影響也比較深。他們的明星行銷力很大，在影視歌等各方面都有很強的影響力，透過明星偶像影響了整個亞洲，影響了很多年輕人。我們現在很多年輕人就是他們妝容和造型擁護者。

韓系色彩

韓系色彩非常典型，它有自己的主打色，所有的彩妝都是圍繞這些色彩來開發的。

我們會發現韓系色彩中偏暖色調會多一些，以暖色系為主，反差不會很大。

不只是妝容，他們服裝搭配的色彩基本上也是這個風格。

所以你去韓國，路上隨手買個衣服，穿上之後，你立刻會覺得自己好像是韓國人。可能是韓國的面積比較小，一旦有一種風尚流行起來，全國人基本上都這麼穿，所以風

格比較突出，傳播流行比較容易。

中國國土面積大，風格不會這麼單一。有些人看到中國人穿了韓國風格服裝，就以為中國人的風格就是韓國人的風格，這就是很大的誤解，是對中國人形象的一個誤解。

很多人問過我，為什麼有韓式妝，有日式妝，就沒有中國妝？我覺得很難用一兩個特點來形容中國妝，因為中國式妝容風格太多了，沒辦法簡單界定。我覺得在「化妝」的領域，中國未來會很包容地將各種文化都交融在一起。

我去紐約時發現，紐約跟北京非常非常像，當然紐約更繁華一些，但是那種感受特別像，就是包容。包容性很大，什麼文化都在裡面。

所以，它的風格就沒有辦法界定。因為各種人都有，各種風格都有，各種喜好都有，各種審美都有，跨越地域和民族。

華人普遍重視化妝，是從 2000 年以後開始的。2000 年之前只有少部分人有這個意識。那個時候，很多人認為一輩子只有在結婚的那一天需要化妝。2000 年後，才開始有越來越多的人關注「化妝」這件事，然後慢慢變成了全民化妝，全民美妝。

　　　　　　　　　　日韓歐美：妝系的選擇

簡潔大氣歐式妝

歐式妝容的特點，與歐洲人的五官比較立體這一特點有著不可分割的聯繫。

重點突出

歐式妝容的最大特點是會著重臉部的一兩個重點，而不會把全臉化成重點。例如，它可能會著重突出嘴唇，或著重突出眼睛，歐洲人不會把臉上的每個部分都化上妝。

所以，他們講究的是簡潔之美。走在倫敦或巴黎的街頭，你會看到一些年齡大的女性，她們化的妝會讓你強烈地感受到「簡潔」的美感。

歐式妝容也會讓人感覺到「絲絨感」，但是它會把膚色化出「亞光絲絨感」，跟韓國的「光亮絲絨感」相反，當然這也跟他們的皮膚毛孔大有關。

因為歐洲人的膚色都比較白，所以會讓人覺得有「絨絨」的感覺。一個歐洲人，她可能會化精緻的嘴唇，可能塗精緻的睫毛膏，但是她未必會化眼線。她們更在乎小的

細節，在乎局部的精緻度和質感。

例如，說化唇部，唇邊緣的線條畫得清晰、飽滿，絕對不會像韓式妝那樣邊緣是虛化的。

有地域特色

我個人會很喜歡歐式的妝容，我覺得它們看上去是很精緻的，是很優雅的，是很高貴的。

當然，這些特點都是和他們內在的氣質有關聯的，也和時尚薰陶有關。

在倫敦，走在街頭，優雅的氣質便會撲面而來，而且散發著「嚴謹」的氣息，包括男生也是這樣。

在法國，就是另一種感覺。有一次我們請了一個法國女模特兒，她是典型法國美女的長相，遠遠望去很冷峻的一張臉，並不會讓人覺得「媚」，看上去沒有笑模樣，和大家意識裡的「法國人走在街上是不笑的」，十分相符。

你不知道她們大笑時是什麼樣子，總是看到她們端莊、矜持的一面，因為她要表現自己的高貴和優雅。這是她們與生俱來的一種氣質。歐式妝容裡面的眉毛，崇尚超細超彎的那種，看上去好像是天生的，其實是修出來的。

我很喜歡她們的妝容，因為她們的化妝是在做「減

法」。我從 2002 年開始做時尚攝影化妝，第一個接觸的就是歐洲模特兒，後來慢慢接觸了一些正在向國際大品牌靠近的品牌，基於這些經歷，我個人更偏愛歐式妝容。

歐洲女人和絲襪

歐洲的女性還有一個很講究的地方，就是絲襪。我們華人女性，穿裙子可能不會穿絲襪，對絲襪的要求也不高。但是歐洲女性一定會穿絲襪，絕對不會光著腿。

絲襪是第二次世界大戰以後流行起來的。在她們的審美觀念裡，絲襪是服裝的一部分。所以去歐洲時，我會專門去買義大利的襪子，很薄、很透，有羊毛、羊絨的，穿多長時間都不會壞，品質真的是超級好。我覺得襪子是歐洲人服裝精緻的一個細節的展現。

自由奔放美式妝

熱情

　　我個人特別不喜歡美式的妝容，覺得過於濃豔有些俗氣。現在也有很多美妝網紅博主很擅長美式妝，拍照很好看，生活中見到會覺得有些濃豔。

　　如果說日本是多樣的，韓國是溫暖的，歐洲是優雅的，那麼美國絕對是熱情的。為什麼會有這種感覺呢？

　　我第一次去紐約時，第一感受便是熱情。所有的人都會過來跟你擁抱。我第一次擁抱時，覺得這種方式特別溫暖。美國人互相擁抱的時間挺長的，不像我們抱一抱、拍一下就完了，他們會抱著感受對方的情緒。

　　我第一次跟美國朋友擁抱時，他抱了挺長時間，當時我臉都紅了。後來發現他跟所有人都是這樣擁抱，他們認為這樣的擁抱才是有誠意的。所以你會感覺到，美式妝容的風格有很強的帶入感和影響力，會不自覺地把身邊的人帶動起來，大家一起「high」。

　　　　　　　　　　　　日韓歐美：妝系的選擇

有一次，我在電梯間碰到一個胖胖的女人，她是很典型非裔美國人，眼睛貼著大睫毛，指甲做得很精緻，戒指戴了好幾個，全身透著很美、很自我陶醉的樣子。在她身邊的我，雖然不能認同她的審美，卻讓我覺得我應該去感受她想傳達的自信美，這大概就是美式妝容的精神核心。

美式妝一般化得很濃，一定會戴那種能扇出風的假睫毛，然後一定會打很重的眼影，很厚的粉底，畫高挑的眉毛。美式妝給人的感覺就是色彩斑斕，「濃墨重彩」。頭髮是五顏六色的，眼影也是五顏六色的，完全不講究色彩的搭配。

美國女性似乎好多年都沒有換過妝容風格了。流行和不流行對她們似乎沒有什麼影響，感覺她們一直都是這樣的。

我曾經問過她們，為什麼大家都是這一種捲髮？她們告訴我這叫「沙灘紋理」。

什麼意思呢？就是她們特別喜歡去沙灘上度假，非常喜歡衝浪之後從海裡出來時那種頭髮的感覺。所以她們就把頭髮都做成「沙灘紋理」，燙出慵懶的捲，再弄點東西打理一下，做出有點濕濕的那個感覺。

在我看來，美式妝容是很自由的，就是化成什麼樣都沒人管。這樣化、那樣化都是沒有問題的，也不需要在意什麼。所以，她們的化妝就好像是生命的一種釋放，情感的一種釋放。

我們在紐約曾經受邀參加時裝週，那是一場典型美國式的時裝秀，整個秀造型特別濃豔，特別花俏。前後兩場時裝秀的模特兒，包括化妝師本人，都是大長睫毛、彩色長指甲，頭髮編著髒辮，而且造型師都挺胖的。口紅會化得特別飽滿，亮亮的，幾乎都是螢光色。

這就是美式妝容給我的感覺。美國人當中也有一小部分人走簡潔路線，但是多數人的妝容還是比較多彩的，這也形成了美式妝容的特點：熱情、奔放、自由。

[一看就懂的化妝小課程]

韓式妝

我覺得韓式妝是最受大家歡迎的。韓式妝近幾年在風格上有了很大的改變，脫離了素顏霜、臥蠶筆的韓式妝更加注重質感，這也是化妝的要點之一。

奶油肌
底妝

在底妝方面，韓式妝這幾年追求較為「奶油肌」的質感。有光澤同時高遮瑕的粉底是首選，搭配韓式妝一直較為出色的遮瑕技巧，讓整個妝容看上去無瑕且有光澤。再用定妝噴霧進行定妝，避免破壞整體的底妝質感。

自然
修容

在修容上韓式妝一直追求自然的妝效，值得一提的是這幾年鼻影的畫法不再一味追求細、窄、高挺的鼻頭，而是改為肉肉的圓鼻頭，讓整個人看上去更具親和力，更加溫柔。

最近比較流行的眼妝是將眼睛拉長的畫法，細長

魅惑眼妝

的眼線，大地色的眼影。韓式妝一貫的平眉是最為韓系的畫法。在眼妝的打造和眼影的顏色上也更加多彩，更加注重下眼影的畫法，將下眼尾用深色的眼影加重拉長，不僅可以在視覺上將眼睛擴寬，也可以讓眼睛顯得更加魅惑。

與近幾年全球的唇妝風格一樣，韓式妝也開始流

滿唇妝

行厚唇畫法。不再是滿街的咬唇妝。裸色、橘色的模糊唇線畫法更受韓國女孩的喜愛，搭配上唇珠，整體看上去更具韻味，也讓五官比例更加完美。

混血妝

我覺得混血妝的靈魂在美瞳。

美瞳、大睫毛、有稜角的高身兆的眉形，是混血妝的基礎。

前不久，我剛買了一對灰藍色美瞳，戴上去就可以化混血妝了。如果不戴對應的美瞳，化不出混血的感覺。

混血妝一定要有這種灰灰的眼睛，才能對味道。選擇這個

妝其實挺考驗我們的膽量的。混血妝容要配上淺色髮才好看。

　　經常有人問：岳老師你的美妝理念是什麼？或，你們彩妝針對的人群是哪個年齡階段的？

　　其實，我們是沒有設定的，因為這就是我們的專業。無論是七年級或是八年級之後的人喜歡的東西，還是四年級或是五年級之後的人喜歡的東西，我都能為你做到，因為我們是專業的。

　　有人說：那不行，岳老師，你得鎖定人群。我說這個就看個人了，因為不可能只用一種品牌來化一個妝。

我們推出一款粉底液，它打上去會很亮，而且透薄，就是典型韓妝的感覺。我之前打了這款粉底，在抖音上發了影片。好多人來問：老師你臉上打的是什麼？我心想就是我的粉底液，但因為當時還沒推出就沒有直接說。
如果你想要遮瑕效果，這款粉底液可能會讓你失望。如果你想要亮透的效果，你一定會喜歡它。
這一款粉底液的帶妝時間挺長的，用於日常妝容是沒有問題的，白天你稍微補一下，也是可以的。
它不像氣墊粉，氣墊粉是要一直拍，而且看上去很厚。
這款粉底液看上去很薄，所以它的遮蓋能力稍微弱一些，但是它追求的亮感是超讚的。

第一次去日本是十幾年前，我在日本街頭看到女孩子把頭髮編成辮子，頭上插著鮮花，臉上塗著橘紅的腮紅，就這樣走在大街上。

我曾經認為這種打扮只可能出現在婚紗影樓或寫真照相館裡，沒想到它就出現在日本的真實生活裡。這是我對日本女性的第一印象。

第一次去倫敦時，正好下雨，我在倫敦街頭看到一個女生，留著波波頭，戴著一副黑超墨鏡，穿了一身黑色的套裝，配著黑絲襪、黑皮鞋、黑手工包，但是畫了很鮮豔的一個紅唇，還舉著一把傘，給人一種冷峻感！特別是冷豔的紅唇，讓我感到真是美極了。這是我對倫敦女性的第一印象。

第一次去法國時，我坐地鐵時看到一個老太太，年齡已經很大，但是拒絕別人給她讓座。她一頭白髮，燙著卷，梳得非常好看。她戴著精緻的耳環、項鍊、戒指，還塗著睫毛膏和口紅；穿著精緻的套裙、絲襪，還有小皮鞋。她扶著把手站著，腰板挺得倍兒直，整個人很優雅，很體面。這是我對法國女性的第一印象。

第一次去美國時，我在電梯裡碰到的那個胖胖的女人，她的妝飾並不符合我的審美，但是卻讓我記住了她對著電梯間的鏡子自我陶醉的樣子，讓我重新考量美的核心。這是我對美國女性的第一印象。

　　第一次去韓國時，我走在韓國街上，碰到街頭髮傳單的老太太，即使已經 60 多歲了，還讓自己保持外表精緻的樣子。

　　這些國家的女人即便年紀大了，仍然不忘化妝、打扮，這和她們所處的環境有關。她們從小就被教育要化妝，所以她們認為，不管到了什麼年紀，都是要化妝的，化妝已然是一種習慣，甚至是一種禮儀。而華人中老年女性中化妝的只占少數，誰要是年齡很大了還化妝，反而顯得有點「格格不入」了。

愛美和年齡無關，打扮從什麼時候開始都不晚，我愛歲月漫長，更愛美，愛漂亮。

如果一定要讓我去解釋

什麼是時尚，

時尚的規律是什麼，

那我的答案就是：

時尚一定是周而復始的輪回。

Chapter

09

時尚潮流的
是非題

什麼是時尚？

———

　　雖然我們可以解釋時尚是什麼，但是時尚到底是怎麼創造出來的，或說時尚應該是個什麼樣子的，很多人都無法給出一個答案，只能在追尋答案的路途中繼續努力。

　　就「時尚」兩個字來說，「時」是時間，「尚」是一個動詞，顧名思義，當下崇尚的就叫「時尚」。

　　雖然時尚可能看上去顯得很新，但它並不是憑空出現的，而是將過去一些流行的元素添加或刪減一些東西，再結合現下的某種元素，重新拼接組合，變成一個新樣子。

　　所以，時尚一定不是無中生有的，它一定是有源頭的。有人會說，也有那種完全創新的時尚，但是我認為，剛創造出來的東西還不能稱之為「時尚」，只能稱為「前衛」或「另類」。

　　真正的「時尚」一定是大眾都能接受的，所以它一定要經過時間的檢驗。只有經過長時間的審美的考驗，這種新的結合形式，才行稱為「時尚」。

　　「時尚」通常是有歷史可追溯的，例如，說現在又流行

髮型復古風

現在流行的那些髮型，以前統統都出現過。我在上課時，講到髮型發展史，會把這個課題的範圍擴大一點，會講到古埃及、古希臘、古羅馬。想要瞭解髮型規律，這三個一定要講。但是，對於中世紀，我就不講了，我會直接跳到現代史上。時尚史大概有近100年的風格變化時間。

翻看歷史圖片，你會發現現在流行的髮型，在過去100年間都能找到它的影子。所以，我認為時尚是周而復始的循環。過去沒有見過的那些新形式，只有經過一段長長的時間的融合和沉澱，才有可能成為時尚，當然，也有可能淹沒在歲月的長河裡，不見一點浪花。

起 1930 年代的穿搭，崇尚復古風了。但是 1930 年代的穿搭風今天再颳起來時是有變化的，它符合當下的新的審美觀念，或結合了當下某種流行的元素，從而有了嶄新的樣子。

時尚界有幾個詞：前衛、另類、時尚、流行，它們之間的關係是這樣的：前衛和另類要先成為時尚，之後開始流行，流行一段時間，就會淪為過去式，成為經典。

它就是這樣，周而復始地輪回。

我告訴學生，「時尚」就像是一個圓，中間有個圓心，「時尚」會繞著圓心，不停地轉圈。

所以，我們說「時尚」不是創造出來的。你在這個行業待的時間越久，你越能掌控真正的時尚是什麼。真正創造時尚的人，都是這個行業的資深人士。

潮流趨勢從哪裡來？

時尚是跟著人和時代變化的。流行色就是很典型例子。

某一時期是否有戰爭，經濟是否衰退，直接影響了當時流行色的選擇。這個時期是和平還是戰亂，是昌盛還是沒落，它的流行色彩會有很大差別。第二次大戰時期，人們的衣服顏色大多以自然色為主，是因為戰時物資匱乏，要節約生活成本。

這裡面涉及色彩心理學的問題。無論是流行的顏色，還是流行的款式，都跟當時的時代背景有很大的關係。例如，某一時期，突然看到滿大街都是紅色，看上去也覺得好看，大家都很喜歡，為什麼呢？因為這個紅色剛好符合當下的社會氣氛。

流行色機構就是專門研究流行色大數據的機構。它們研究全球的資料變化，然後預測出下一個流行色是什麼，而且準確率還很高。

時尚，是過去某種經典元素的回歸，是大數據對流行色分析得出的預判。這兩個因素結合到一起，讓我們可以預

測時尚。

　有的讀者會問，對潮流的預判有什麼依據嗎？

　國際時裝週通常提前一年發布它們對流行時尚的預判，流行色研究機構通常也是提前一年多發布對流行色的預判。

　我有時候也會做一些「美妝潮流趨勢發布」。我們一般是透過課程和秀場的方式來發布，主要是根據國際潮流趨勢，結合國內的風格做出我們的預判。

　化妝師的預判，基本都是從國際時裝發表會來的。這些發表會發布新品，就是想確定下一年的流行主題。例如，說今年流行水玉，肯定他們上一年的時裝週就弄了很多水玉服飾。

　每個國際品牌在它們的服裝發表會上都會做爆款。一個品牌可

能每年會發布 100 多套，甚至幾百套衣服，其中只有那麼一兩件成為當年的爆款。

例如， 2018 年流行條紋毛呢大衣，它的本質還是復古風。若干年前，我就有一件面料一模一樣的大衣。上次流行這種大衣是在 1990 年代，我當時覺得特別好看，所以就入手一件，等 2018 年又開始流行這種條紋毛呢大衣時，而我的舊衣服終於可以再出世了。

2019 年的大衣設計更為多元化，面料拼接和中性設計更多，顏色豔麗的大衣風格會一直延續到 2020 年。

追蹤時尚的氣息

———————

如果想知道國際的流行趨勢，可以多關注時尚趨勢，多看國際時裝週，多瞭解時裝界的國際動態，看多了就會有感覺。

有很多人穿衣服不一定選擇國際品牌，會根據品牌搭配的風格來打扮自己，做到與時俱進，與潮流同步。

也許他們不一定能說得出來自己為什麼這麼穿，但他們可以在自己身上應用得很好。

多看時裝雜誌

時裝雜誌裡面有穿搭指南，發布一些全球時尚潮人、造型達人的搭配，然後給你講這些搭配的亮點是什麼，你可以照著那個樣子去學習。這個辦法適合完全不懂時尚的人。堅持看時尚雜誌，一定可以從中學到適合自己的搭配技巧。

我曾訂閱紙本《VOGUE》，現在主要在看電子版，很多專欄都比較實用，例如，對於個子矮的人，就會給出

「155 身高穿出 165 氣勢」的搭配建議。

雜誌社的工作其實很辛苦，他們要去搜羅全球的時尚資訊，把它做成選題，然後經過主編和總編的審核。由於雜誌的製作週期短，他們需要在很短的時間內做出一個選題。

我經常跟我的學生講，看雜誌一定要看文字，不要只看圖，文字是編輯辛辛苦苦寫出來的，包含很多有用的資訊。很多人只看圖，覺得更直觀，其實這樣會忽略很多資訊。

多關注四大國際時裝週

它們是重要的時尚風向標。我認為四大國際時裝週中紐約時裝週是最差的，米蘭、巴黎、倫敦三地的時裝週一直比較受人追捧，與前三者相比紐約時裝週發布品牌的水準有些參差不齊。

我個人對倫敦時裝週的印象很好，因為我很喜歡時裝週的設計師 Alexander McQueen。McQueen 可以說是我喜歡的第一個時尚偶像，他已經去世了，但是他的品牌還在。

當初我就是看了 McQueen 的紀錄片，才下定決心從老家走出來。如果沒有他的啟發與鼓勵，我現在可能還是婚紗公司裡的一個化妝師。當時，我心想怎麼會有這樣有才華的人，有一天我要是能像他一樣就好了。那我怎麼才能成為這樣的人呢？於是我就想，首先我要離開老家，到更大的地方闖一闖。

　　沒有白走的路，每一步都算數。人一生中每一個走過的城市都是相通的，每一個努力過的腳印都是相連的，它一步一步引領我們走到今天，成就今天的我們。

　　很遺憾，後來 McQueen 自殺了，但是他的創意秀場在我生命裡留下了很深的痕跡。他對服裝的超前理解也深深影響了我。所以，我喜歡倫敦。倫敦既是古典的，又是前衛的，它是兩個極端不斷交融的城市。

　　倫敦既有街頭搖滾的前衛，又有貴族的、紳士的、刻板教條的傳統。整個城市透露著矛盾的氣息。我很喜歡這種矛盾的感覺，我對矛盾的東西都很感興趣。所以我很喜歡

「出口轉內銷」的設計師

有很多華人設計師在國外很成功。我認識一個特別年輕的設計師，他在國外做自己的品牌，在保留自己文化元素的同時，吸收國外的文化。他設計的羽絨服一開始在美國迎合了街頭文化，引起了美國一些年輕潮人的注意。之後他的品牌慢慢在圈子裡紅了起來，然後得到了更大範圍地推廣。後來，他借助國際市場，透過華人市場對國際潮流的認同，非常輕鬆地打入了華人市場，得到了消費者的認同。

倫敦的時尚。

基本上，我們耳熟能詳的國際一線大品牌都是來自法國和義大利，所以巴黎和米蘭的時裝週基本上在引領著全球的時尚潮流。華人的優秀服裝設計師或多或少地受到了它們的影響，雖然現在非常多華人設計師已在國際時裝領域備受關注。

「港風」再次襲來

有人會問：我們到底要不要跟著潮流走？其實你就算是不想跟，也下意識地跟隨了潮流，因為潮流是一個趨勢，你無法逆趨勢而行。但是，你不能在明知不適合你的情況下還要跟風，對於潮流，你是可以自主選擇的。

混搭新世界

2018 年時我曾推測 2019 年一定會流行 1990 年代的東西。因為現在正在流行的是 7、80 年代的東西，例如，喇叭褲。其實，2018 年已經可以看到苗頭了，例如，「港風」的興起，也就是 90 年代的香港風格。90 年代是什麼時代呢？

我們先說說 2000 年以後。2000 年以後，造型變化就沒有規律可

時尚潮流的是非題

言了，往前數 100 年，時尚還有規律可言，再往後就是混搭了。

2000 年，正處於世紀之交，各種風格並存，非常多元化，什麼樣的風尚都有，表現出多元化的包容性。

2000 年以前呢，一旦流行什麼，人們就立刻全都穿什麼。

所以 2000 年以後大範圍地流行過什麼？沒有了，都是混搭。人們會更關注自身的需求與喜好，而不是一味盲從。

90 年代典型港風

回到 1990 年代，還是可以找到流行的規律，這個時候流行的就是港風。

那個時候的妝容，講究比較自然的眉形、自然的眼妝、飽滿的唇形，然後眼窩會打面積比較大一點的眼影，但是不會強調形狀或色彩，只是稍微有點立體感而已。

那個時候的服裝，上身偏向大擴形，流行大墊肩或大西裝之類的。

那個時候的頭髮，以長直髮或長捲髮為主。

現在我們的高腰牛仔褲、復古高腰牛仔褲，會把腰帶抽得很緊，褲腰綁得比較高，其實這就是港風的顯著特點。包括最近大家比較喜歡的喇叭褲，露著腳踝，還要露出裡邊的襪子。這些造型和色彩都是典型 90 年代的風格。

復古風流行

我認為這股復古風應該還會流行一段時間。

那麼，1990 年代的潮流之後，我們要流行什麼呢？基本上就是世界大同了。也許，時尚就會往回走，又從古羅馬、古希臘開始，大家都穿著紗裙，騎著自行車，在大街

上溜達。我說的這種情況是很有可能的，經典是可以無限輪回的。

前幾年流行羅馬鞋，就可以印證這種情況。像希臘女神穿的紗裙，其實一直都沒有消失，只是在等待被重新賦予新的元素成為時尚。

我有學生來問我：岳老師你預言一下未來流行趨勢。我說：你把我們的髮型史、服裝史好好學就夠了，不管碰到哪一個流行，你都能應對自如，現在流行的元素全部在過去出現過。

例如，作家三毛年輕時候的穿搭，放到現在也不過時，它就是經典，同時也是時尚。在這一行做得越久，越會發現這一行的規律性，你把這個行業的規律掌握得越清楚，你越能遊刃有餘。

我經常會講到一個叫蒂塔・萬提斯的脫衣舞女郎。她是

美國很有名的脫衣舞女郎，不是那種色情的。她的前夫是瑪麗蓮·曼森，搖滾歌手。蒂塔永遠都是採用復古的造型。雖然她是現代的人，但她出席所有的媒體活動，永遠都是1950年代的造型。她的復古裝扮已經是她的標籤了，她不需要再跟潮流，她自己始終保持一個樣子。

美國《VOGUE》的創意總監 Grace 永遠都是那一個髮型。還有日本著名時裝設計師川久保玲，也永遠都是一個髮型。她們本身就可以跟潮流對抗，還有藝術家草間彌生和山本耀司，這些人的形象已經成為一個標籤，不會再跟著潮流改變了。

朋友曾經送了一本 Grace 的書給我，有點類似於自傳，書名就叫《我就是時尚》，名字很霸氣。她已經 70 多歲了，原來是一個超模，之後又到雜誌社做創意總監，做了幾十年的時尚工作，她對時尚的走向瞭若指掌，所以她說「我就是時尚」一點也不為過。

這些大咖的名字就是他們的形象，他們的形象早已經固定化了，他們是創造潮流、創造時尚的人，但自己反而不再去跟隨潮流而變化。作為普通人的我們，我希望大家享受造型快樂。只要你想去做，多變，沒有什麼做不到。

潮流趣事：
我們經歷的那些時尚

1980 年代流行那種大朋克的造型，女的都是爆炸雞窩頭，塗紫色的唇膏，像中毒了一樣，還戴著大紅塑膠耳環。

我上課時，講到 1980 年代的造型，常用一句特別搞笑的話來形容：80 年代的地球一定是發生了什麼，才會出現一群這樣的人。這是一個特別恐怖的時代，典型壓抑太久後需要爆發的情形。

當時還有一種很流行的造型：男生穿上緊下鬆的褲子，屁股處勒得特別緊，然後褲腿特別寬，上身穿一個尖領花襯衫，還要配個鍊子，戴個朋克式的眼鏡。女生的耳朵上一定要有個大圈的耳環，頭髮吹得蓬蓬的、高高的。當時貓王的造型就是這樣子，儼然成為一種時尚。

其實在 80 年代，歌手、明星已經完全成為時尚的引領者，他們的一些特殊造型也會成為時尚。我也覺得奇怪，人們的審美怎麼突然變成這樣，感覺像變異了似的。

1980 年代的女性造型特點可以總結為「大女人」，似乎進入了女強人時代，例如，女性西裝的大墊肩，就是一個典型代表。

大墊肩把上身變成了倒三角形，就好像男士的那種健壯身形。衣服是這樣子，再加上爆炸頭，顯得存在感特別強，要告訴全世界自己的存在，也可以叫作「女性的自我覺醒」。

「Smart」的 90 年代

到了 1990 年代，大家的認知就有了變化。性別色彩濃烈了起來，是女人就穿得像女人，是男人就穿得像男人，造型開始有了男女之分。不像 80 年代，男人穿得像女人，女人卻像男人。

90 年代還出現過一個特殊的造型，就是「Smart」，一直到 2000 年，還有這種造型。我覺得「Smart」是 80 年代審美的一種延續。它是從日本傳過來的，只是我們沒有學好。

日本的街頭髮型，是要和全身造型搭配的。我們只學了個街頭髮型，但是沒有學到整體搭配，所以整體看上去會很怪，很醜。尤其如果是那種普通小理髮館燙出來的髮

　　　　　　　　　時尚潮流的是非題

型，質感會差很多，看上去顯得人比較Low，沒有高級感。

其實2000年左右，很多明星都做過「Smart」的造型，如李宇春、范冰冰等，就當時的審美來看，都挺美的，只是現在回過頭再來看就不行了，簡直就是「黑歷史」。

2000年以後，我們服飾的時尚風格開始吸收全球的潮流風尚，越來越多崇尚個性和自由的造型闖入我們的生活。多種時尚並存是當前時尚的突出特點，就亞洲來說，韓國、日本以及中國等國家的明星和偶像引領著一波又一波的潮流新風，讓人應接不暇。

復古經典

提到復古，我腦子裡浮現的就是《花樣年華》裡的張曼玉。

《花樣年華》和《一代宗師》的美術指導都是張叔平，我對這兩部電影的畫面印象都特別深刻。

我講課時會跟學生提到《一代宗師》裡章子怡的造型。章子怡在《一代宗師》裡演的宮二，穿著一身黑衣，裡面襯著一件小白領子裡衣，頭髮梳得特別乾淨俐落，孑然一身，站在大雪天裡，特別有意境。

當時電影裡有個章子怡的特寫：睫毛長長的，但是低垂著，臉的顏色是乾淨的黃白色，一點紅唇，簡直太好看了。

這個睫毛的特寫，我真是太喜歡了。低垂的、長長的睫毛，每動一下都傳達出一種情緒。我上課時跟學生說，為什麼睫毛一定要翹翹的呢？難道睫毛垂下來就不好看嗎？垂下來也有好看時，宮二就是個很好的例子。

章子怡的宮二造型是典型民國風格。從服裝到妝容，都帶著一種內斂的美。在不同的年代，眉毛的畫法也有它的特點。民國時代，眉尾每每會低於眉頭，這種化法在標準的眉毛審

美理念中是不允許的，但在民國時代是可以的。我常說這也可以理解為「低眉順眼」，按當時的審美觀，那就是一種時尚，也反映了當時女性的社會地位。

網紅時代的審美標準

在過去，我們主要是從公眾媒體獲悉時尚的潮流，現在的媒體環境發生了大的變化，時尚的源頭也變得多樣：某個「網紅」，某個與時尚有關的權威人士，他們的某些行為，都可能引領潮流的變化。

「網紅化妝師」Pony，她的化妝技術甚至比專業化妝師還好，而且能做仿妝，想模仿誰就能模仿誰，很厲害。但是，也有一些不專業的「網紅」化出來的妝，反而可能會誤導大眾。

雖然「美」可以是個性化、私人化的，但畢竟還是有一定標準的，對於那些明明醜的東西，我們不能說它美。

我之前看過一個「網紅化妝師」在影片裡面講「復古」，我聽了她講了幾句話，就知道她的知識儲備其實是有限的。她的技術可能也很不錯，但講出來的知識是非常片面的，而且沒

有辦法解釋清楚「復古」的本質。畫一條眼線，就說這個就叫復古，對於復古眼線的長短寬細有哪些不一樣，什麼年代分別流行哪種眼線卻沒有講清楚。但這個時代人們對化妝知識的準確性不是太看重，更看重影片裡人化妝前和化妝後的差別。有種「整容級」化妝，就很吸引人，很有噱頭。這對身為專業人士的我們來說，有時會有點不適應，但顯然富有娛樂性，開心更重要。

如果我們把每一天上班的路途當作舞台，把自己當作舞台上的模特兒，每天上班往返就是走T台，一定是很有意思的。

還記得，我剛來北京時，跟我的一個姐妹住在一起。我們倆天天回家搭配衣服，在一窄條小鏡子前，把衣服拿出來，這樣搭配一下，那樣搭配一下，走時裝秀，兩個人覺得很開心，順便還把第二天想穿的衣服搭配出來了。

那個時候我們剛開始做化妝老師，雖然也不是很富裕，但是希望每天能給學生不一樣的感覺。所以，我們每天都會在衣服上稍加變化，讓學生眼前一亮。那是 2003 年，我們獲取時尚資訊最多的來源是自己訂閱的《VOGUE》雜誌義大利版，還有國內的幾大時尚雜誌，以及工作中總結的時尚搭配經驗，不像現在網路資訊這麼豐富。

　　　　　　　　　時尚潮流的是非題

真實的自信才美麗

我是不主張紋眉毛的，因為紋眉毛之後，眉形就只有一個選擇，沒法再改變了。我主張大家自己學會畫不同的眉形，雖然有點難，但只要學習起來，肯定會越來越好。半永久紋眉確實給很多人帶來便利，但是我總覺得紋眉後整個人顯得稍呆板，這是為什麼呢？極其對稱的一對眉毛，不如看起來很生動的、帶著表情的眉毛更有活力。

有人覺得我對化妝的態度有些矛盾：有時說無須嚴謹，化妝最重要的享受過程；有時說，要注意知識的準確性。這兩點並不矛盾。一個講的是態度，一個講的是專業，兩者是相輔相成的。

將自己真實的一面展示出來，你反而是最自信的，我知道很多人很難邁出這一步，但是，你一旦找到適合的風格，你會發現「做自己」才是最美的。例如，有人出門必須要畫大紅唇，有人覺得手指必須戴滿銀飾，有人的標誌性妝容就是煙燻妝……

我很重視人們如何面對自我，正視自我，做真實的自己。雖然化妝可以修飾面容，造型可以改變形象，但生活中、工作時做真實的自己是一種底氣，是一種自信。做真實的自己，你會更美。

女人和歲月，

總是在微妙的爭奪間

誕生出獨特意味的故事。

不用細細去訴説，

時間早已經在每個給予它烙印的地方，

不客氣地將你的所有公之於眾。

10

歲月心妝

又忙又美，告別「千人一面」

我們在化妝時，往往會進入一些誤區。例如，有人喜歡拿一種叫 CC 棒的東西，在臉上刷一刷，把臉上的瑕疵遮得很乾淨。還有人，往臉上抹很厚的粉底，像給牆壁刷白那樣……

美的第一主張是什麼？第一主張就是皮膚本身要健康，化妝品是在皮膚健康的基礎上對不足之處進行補救的。

我是支持醫美、微整形的，這些行為能改善我們的皮膚基礎，抵抗歲月的侵襲。

皮膚怎麼保持健康呢？

第一，注意維生素的攝取。

第二，注意休息，讓皮膚得到放鬆。

第三，多運動，促進新陳代謝。

不要只遮瑕

不管你的皮膚多糟糕，我只管拿一個大粉底棒，給你遮住瑕疵 —— 這種觀點就是誤區，對皮膚來講，非常不健康。

長此以往，會把毛孔堵住，影響皮膚健康。還有一個大家容易忽視的地方：遮蓋力比較強的產品，鉛、汞含量通常會比較高。鉛、汞是對人體有害的元素，人體吸收過多，會嚴重地損害我們的健康。

我反對使用遮瑕效果過分好的產品，傾向於管理好皮膚，然後用薄薄的底妝。如果臉上實在有痘印或其他瑕疵，可以用遮瑕膏局部遮瑕。我極其不主張整張臉都被遮得很嚴密的。

整張臉的皮膚並不是狀態都一樣，有的地方好，有的地方差。例如，額頭和鼻樑的皮膚是好的，那為什麼還要遮那麼厚的粉底呢？

我在講粉底底妝課程時，會告訴所有學生，所謂粉底

塗得均勻並不是說粉底的厚度均勻，而是指打完粉底後，整個臉看上去膚色一致，沒有大的色塊差異。那種底妝打得很厚，遮住全部毛孔的觀念，就是進入了化妝打底的誤區。

保留皮膚原本光澤

我們的皮膚是有自然光澤的，你不能把自然光澤全遮住了。厚底妝就讓妝容離真實太遠了。化妝的目的不是為了化一個假的自己，對吧？化妝只是為了塑造一個更好看的你。

大部分人會化出一個假的自己，遮掉了原本的自己，還覺得這樣挺美的，我覺得這就是個大誤區。我們專業上有個詞叫「假面」，或叫「千人一面」，例如，「網紅臉」。

有時候，我們的皮膚本來就不錯，還有一定的光澤。當你打完很厚的粉底，皮膚本來的光澤都沒有了，只能靠珠光粉來提亮。而珠光粉的光澤並不是真實皮膚光澤，所以皮膚看上去就不健康，有一種粉質感。我不主張這樣化妝。

時光尚未凋零

現在我身邊好多人說：岳老師，為什麼我發現你變美了呢？回頭看看我 10 年前的照片，確實，現在的我要比那個時候漂亮一些。因為自己會打扮了，有自信了，但是現在的我比那時候胖了。這就是時光帶給我的美。

歲月給了我閱歷和氣質，這些是年輕時無法擁有的東西，要用時光去交換。認識了很長時間的朋友對我說，我現在身上有一種獨特的氣質。我是感覺不到這種變化的，但是別人可以看到，我能感覺到的是對事情的總結和提煉能力的提高，例如，對生活中一些小事的感悟。

2017 年，對我來說是不平靜的一年。許多人都說這年很糟糕：事業不順，家庭出問題，還有身體有恙。在 10 月份時我開始策劃我們 2018 年的概念發布，我自身也感受到了這一年的各種變化。我看到很多人應對變化時的各種反應，包括我自己，不安、焦躁，甚至有人自暴自棄，選擇結束自己的生命。我想用「自然生長」這樣一個主題，來喚醒我自己，或其他人，我對未來寄予美好的期待，想

讓一切都恢復秩序。

世間萬物都是在「有無」之間，出生、成長、蛻變、死亡，這是一個輪迴，是生命的真實寫照，而對我來說，於繁忙的工作中用一場秀來抒發我對生命的理解，是找回本我的一種方式。

我們做一件事情，一定要鼓勵和掌聲來滋養嗎？有沒有一種真正由內而外的原動力，讓我們不需要外界的刺激，像相信信仰一樣堅定前行。我想，經歷過這一場秀的策劃及執行，我找到了答案，且那個答案如我心中所想。

我覺得，認可現在的自己，就是認可了自己所經歷的所有時光。你的美來自不停地從歲月中汲取能量，讓所有度過的歲月在身上留下印記，使每一個印記都帶有故事。

我們業內有一個老生常談的觀點：完美倒不美。皺紋一點都不要，臉上一點瑕疵都沒有，越追求那種完美反而越不美，渾身上下透著「假」。

我很欣賞林青霞，覺得她的心態很好。例如，她對年華老去很坦然：「我就是胖了，我就是老了，我就是有皺紋了，現在就是個 60 歲的女人，我就是一個熟透了的女人。」

如果哪一天頭髮上有了一根銀絲，我覺著那是我走過

歲月的一個見證。我很喜歡那種滿頭都是銀髮的感覺，覺得很有味道。我媽媽現在就是滿頭銀髮，不是那種全銀，帶一點灰色。我跟我媽說：「你的造型太時髦了，太好看了。」我希望老了以後，能跟媽媽一樣有一頭漂亮的銀髮。

我完全可以接受自己變老這件事情。我特別感謝現在的成熟，讓我看事情更通透了，讓我活得更快樂了。

對於所有的好玩的事情，我都想要去試一下，這完全是出於好奇心。我並沒有覺得成熟了之後，我就不能碰某些東西了。

我是從今年開始健身的。我是一個特別懶的人，體育特別差。但是我今年開始健身了，我想做什麼？我想試一下：如果我努力做一件事情，能不能變得跟以前稍微不一樣，會不會變成更好的自己。

我學生經常說我現在好拚，都在抖音給自己化妝了。我說你們真不知道，我是突然一時衝動，只是想要看看「網紅」的世界是怎麼樣的。最後發現當「網紅」還是挺累的。

2019 年我迎來了創立品牌 LIN．MAKEUP 的十周年，10 月 29 日我們舉辦了十週年慶——名為「Yes！10.0」的發表會，在中國國際時裝週期間的專場提出了「永遠天真，永遠熱情」的口號。我就是要傳達一種未來要繼續保

持好奇心、繼續勇往直前的奮鬥精神。

時光給我們留下了什麼，是皺紋還是白髮，還是生活的瑣碎和不堪？我不怕老去，但我怕生命黯淡。
時光不會辜負認真努力的人，你會喜歡上認真的自己。

歲月心妝

與時光共悠長

40 歲的優雅

我一直認為，「優雅」是最高級的讚美詞，尤其是對女性來說。它不像「完美」那般極端，而是帶著一絲從容和篤定。這份從容是基於對自己的瞭解、對已知的自信和對未知的勇氣。

優雅帶來自信，是邁入 40 歲的我對自己比較滿意的一點，我瞭解自己要什麼，做什麼樣的選擇，做什麼事業，過什麼樣的生活，這種不惑的感覺令我覺得好像人生有了一次新的開始。

也正因為歲月帶給我的成長，我很容易覺察和理解別人的需求。不同的工作場合，面對不同人時，我對自己的定位也會不同，除了恰當的溝通方式，主要還表現在外在形象上。出席不同的場合要有適合的形象，是尊重他人，也是尊重自己。我和 8 年級的學生們開派對時會在外在形象上和他們接近，休閒和潮流一點；但在講台上，我會根據課程內容來搭配穿著；在外出商務工作時，會根據約談的

對象來決定妝髮與服裝；出席行業盛會時，又多以簡潔的黑白色系強調個人的專業感、職業感。

我有 40 歲的優雅，有淡定和從容，但沒有丟失自己孩子氣的一面，有時服裝會和年輕的 8 年級生一樣採街頭風格，棒球帽加各種首飾混搭，化著 Ins 風的流行妝容。我還常說自己是中年少女，而這樣說時，一點也沒有感覺羞怯，我想這也應該是自信淡定的一種吧。

50 歲的從容

日本有一個老奶奶，70 歲開始當 DJ，這完全是不設限的人生。她的穿搭就是 DJ 風格。但這種畢竟是少數，是個案，所以我們普通人到 50 歲的話，穿搭講求最重要的是舒適和自在吧。

從化妝上來講，要強調氣色、膚色等，化一點精緻的眉毛，塗一些精緻的睫毛膏，塗口紅、修指甲、做頭髮，這些都應該是必須做的。

當然，50 歲的女性可能還在為兒女操心，可能會有些煩惱，所以最重要的是對生活多一些寬容，少一些抱怨和不滿。一個人最美的樣子就是讓自己和身邊的人更舒適。

這讓我想起了我的姑姑。姑姑是一個非常愛美的人，她

現在已經60多歲了。50來歲是她的美貌巔峰期。媽媽說我長得越來越像她。

姑姑從50多歲開始學彈鋼琴，因為她從小就有鋼琴夢。經過這幾年的訓練，她現在已經彈得很好了。除此之外，古箏、游泳，她都是在50多歲時學的。她的穿衣風格不是優雅型，而是火熱型，是典型華人式的大紅大綠，她穿衣服時最常穿的顏色是紅色，尤其是玫紅色。

她對生活的熱情、對生命的鍾愛，讓她在每一個年齡段都很美，這是時光對珍愛生命的人的回饋。

有了這樣的心態，女人怎能不美呢？

銀髮時尚

我對銀髮時尚的表達欲來源於兩位時尚銀髮女性：一位是前段時間看到的91歲的台灣潮奶奶林莊月里，一位是我認識的忘年交——來自北京的70多歲的韓彬老師。

韓彬老師在她的銀髮歲月成了時尚圈炙手可熱的模特兒，迎來了人生的另一個高潮。她對時尚的態度和對行業的熱愛是我所敬佩的，過不設限的人生，一切都有可能，也都來得及。白髮並未阻擋她熱愛美、追求美的腳步，相反地，標誌年齡的一頭銀髮反而帶給她一種獨特的自信，

她從容地與歲月留下的痕跡共處，自信而美麗地生活。

台灣潮奶奶林莊月里，個性豁達，不僅裝扮潮流，更重要的是擁有積極的人生態度：

「很多時候，我們都會喪失信心，想要放棄一切，逃避人生，逃避責任，讓自己帶刺，拒絕跟其他人接觸，把自己弄得讓別人不敢靠近，為的只是想要給別人看看自己過得有多不好，失去了多少。

「其實什麼東西都比不上生命，當你還活著，你就比那些離開這個世界的人擁有得多很多，至少你還能享受到今天晴朗的陽光、清新的空氣。

「難過時，用力去逃避，逃避完了更用力去面對，面對過後你就能真真切切感受到你的人生，很多很美麗的風景都藏在山林深處，前面被蟲咬、被草割都是以後回憶這趟旅程時最好的點綴。我91歲都還不打算放棄自己的人生呢，你也打起精神吧。」

我想這兩位前輩不止愛美愛時尚，更熱愛生命，愛生活，並且有能量發出愛的光去照耀更多人，溫暖更多的人。

另外我還想說說我的母親。母親也是70幾歲，但她是一個心態很年輕的老少女，她從不化妝，一頭銀灰色頭髮

令她總被人誇看起來很年輕。有時候我看著她面對生活積極、單純的樣子，我竟有些自愧不如。心態決定人的一生，女人的一生更是靠不斷的自我認知和自我滿足得以完整。我的母親平時裝扮並不時尚，但卻深深地影響著我對時尚、對人生的態度。當年華逐漸老去，滿頭銀絲，我是否能像這三位女人一樣面對生命，享受生命帶給我的一切呢？

我相信，當一個人對生老病死以及命運給予的挫折和痛苦，都能坦然接受時，人生的境界才是真正達到了另一層高度。

給大女孩的第一本化妝書

作　者—岳曉琳
主　編—王俞惠
行銷企劃—倪瑞廷
裝幀設計—evian

第五編輯部總監—梁芳春
董事長—趙政岷
出版者—時報文化出版企業股份有限公司
　　　　108019臺北市和平西路3段240號3樓
　　　　發行專線—（02）2306-6842
　　　　讀者服務專線—0800-231-705．（02）2304-7103
　　　　讀者服務傳真—（02）2304-6858
　　　　郵撥—19344724時報文化出版公司
　　　　信箱—10899臺北華江橋郵局第99信箱
時報悅讀網—http://www.readingtimes.com.tw
電子郵件信箱—YOHO@readingtimes.com.tw
法律顧問—理律法律事務所　陳長文律師、李念祖律師
印　刷—和楹印刷有限公司
初版一刷—2021年1月29日
定　價—新臺幣360元
（缺頁或破損的書，請寄回更換）

時報文化出版公司成立於一九七五年，並於一九九九年股票上櫃公開發行。於二○○八年脫離中時集團非屬旺中，以「尊重智慧與創意的文化事業」為信念。

給大女孩的第一本化妝書/岳曉琳著. -- 初版. -- 臺北市：時報文化出版企業股份有限公司, 2021.01
272面；13x19公分
ISBN 978-957-13-8554-9(平裝)

1.化粧術
425.4　　　　　　　　　109022288